历史地段城市设计的构形方法

以凤凰的实验为例

张 楠　卢健松　夏 伟　著

图书在版编目（CIP）数据

历史地段城市设计的构形方法——以凤凰的实验为例 / 张楠著.
北京：人民交通出版社，2007.5

ISBN 978-7-114-06395-4

Ⅰ. 历… Ⅱ. 张… Ⅲ. 城市规划 – 建筑设计 – 凤凰县 Ⅳ.TU984.264.4

中国版本图书馆 CIP 数据核字（2007）第 021588 号

书　　名：历史地段城市设计的构形方法——以凤凰的实验为例

著 作 者：张楠　卢健松　夏伟

责任编辑：岳明胜

出版发行：人民交通出版社

地　　址：（100011）北京市朝阳区安定门外外馆斜街 3 号

网　　址：http://www.ccpress.com.cn

销售电话：（010）85285656，85285838，85285995

总 经 销：北京中交盛世书刊有限公司

经　　销：各地新华书店

印　　刷：北京方嘉彩色印刷有限公司

开　　本：889 × 1194　1/20

印　　张：7.1

字　　数：120 千

版　　次：2007 年 5 月第 1 版

印　　次：2007 年 5 月第 1 次印刷

书　　号：ISBN 978-7-114-06395-4

定　　价：58.00 元

序言

英国UCL大学Bartlett规划学院院长，著名学者Matthew Carmona教授在其最新研究成果《Researching Local Environmental Quality：the question of measurement》（21th Feb 2007）中提出：空间质量受地域性影响而存在不同的标准。这和我们的看法不谋而合：城市空间的好坏，必须根据不同地域的环境特征来评价。

就一个城市而言，核心历史地段与新发展的地段一般都有明确的设计思路与观点：对于核心历史地段，设计的根本使命在于维护历史形态的完整性；对于新城的发展，关键是创造符合现代生活需要的新空间以及符合现代审美的新形式。而二者之间的过渡区，则缺乏具体的设计目标与工作方法。在这样的历史地段里，城市设计中的构形问题尤为值得关注。如何兼顾传统与未来，如何衔接不同风格的城市地段，怎样在延续与传承传统的地域建筑语言的同时，又寻求合理的发展是长久困惑建筑师们的问题。对于这样的区段，如何确立其在建筑学上的意义，如何对其做出客观的评价；如何探寻对其可能产生影响的关键因子，比城市其他地段更为棘手。对这个地段的研究即是本书所确定的“历史地段”所需探索的问题。

不仅仅对于凤凰，每一座蕴涵深刻历史信息的城市，在发展进程当中都会面临同样的问题。在凤凰的实验之后，伦敦的调研将思考推向深入。

伦敦历史地段的建设大致有以下几种模式：

◆纯粹的柯布西耶式——简单的现代主义原则的实例，如泰晤士河南部的Elephant & Castle区。大尺度的高层公屋排房，已让英国人建立了一种“低收入”、“穷人社区”、“不安全”概念，称之为“Estate”，概念上等同我国50~70年代修建的“积木式”、“军营式”的居住区。英国政府正在花大量精力提出改造计划。剑桥大学，AA学院，UCL的学者们近年来花费大量精力在这些课题上。可以断言，这种简单而不考虑地域特征的现代主义原则实际上不适应这个区域的需求。

◆纯粹的，均质的传统形式不断重复，如Chelsea区，又是怎样的一种感受呢？街道的不规整，绿地公园大量使用，城市空间可谓变化无穷。这让初到此处的人非常亲切：不同年代的建筑被统一了风格、材质、新旧以及细部；但是，这种均质空间让人在一段时间以后感到疲劳。不断变化的运动空间让人心旷神怡；过分变化的空间常常使人误入歧途，甚至找不到家门。

对于城市 “灰色”历史地段，从人的需求心理而言，纯粹的现代主义或纯粹的复古主义都不是解决这类地段问题的最佳途径。对风格和形式方面的单独研究变得没有意义，一个符合特定地段人需求的空间形态变成了设计者所关注的焦点。

◆ 伦敦东部传统核心区 The City 的发展思路似乎更能给我们以思考。罗马人曾经在这里修建过城堡。这个区域，历经战火，经过几百年的建设，却还保留了London Tower 古堡和城墙片断。城市基本格局也被传承。建筑大师 Stirling 和 Wilford1985 年在此留下了 No.1 Poulty 的设计，GMW 事务所 1994 年也设计了后现代主义作品 Barclays Bank，高技派大师 Foster 设计的 The Lloyd’s’86Building 和 St.Mary Axe，……当然还有都铎时期的古典建筑和文艺复兴时期风格的建筑。这个区域不断保持了原有城市的文脉关系，而且创造性地发展了他：几乎每一幢建筑都较好地考虑了特定地段的历史情结，但又不乏新奇。

◆南岸艺术中心是一个十分独特的例子，Tate Modern 艺术馆保留了原有的建筑形态，而将内部的功能和外部的形态有机整合在一起。艺术馆以人需求为中心，除展示国际一流的艺术作品外，还有大量的书店、咖啡屋、餐厅和供人们娱乐的旋转滑道，“人的活动”这一空间功能策

略代替了纯形式策略。室外大空间的环境与泰晤士河形成了良好的江景视野，与千年步行桥和对面的圣保罗大教堂一起共同构成了一个美好的“可视域空间”(张楠、孙晶2004)。Foster的又一作品，Tower Bridge西边，泰晤士河岸南伦敦市政厅的群体设计，以现代高技派风格设计了一个良好的室外观景空间。他将老的Tower Bridge、London Tower、圣保罗大教堂与其本人设计的瑞士保险大厦等建筑构成了历史与现代、新与旧、现代与未来等概念的冲突与和谐，产生以时间为主题的经典美好空间(张楠、童淑媛2003)。时间的变化以及风格的差异没有让人感到冲突，而是让人感受到惊奇：London这个世界金融、政治、商业文化中心，有它的过去的成就，同时凝固着现代的辉煌。

特定空间内，人的感受和需求已成为空间品质评价的重要标准和因素。如今，约70%以上的伦敦人都并非出生于伦敦，特殊的的人口构成，界定了伦敦这一特定区域的审美需求必须是多元的、多变的、有特色的、有创造力的。更有趣的是1997年英国大选之时，托尼·布莱尔以“新工党、新英国”(Britain will be better with new labour)的竞选纲领而成为新首相后，成立了创新产业工作组，把设计作为了13个门类创意产业之一。这一政策的实施使得英国的经济近年来发展迅速，建筑已超越了原本意义上的价值，建筑的创意能带来一个区域的复兴甚至一个国家的发展，它的无形资产将永久性地推动这个区域的产业发展。

在凤凰，我们对介乎于旧城与新城之间的土地做了概念性的探讨。

凤凰是一个有深厚人文底蕴的山城，同时也是苗汉文化交融的重要区域，同时也以开放的形态迎来世界越来越多的关注。这些来自不同民族，不同地区甚至不同国度人口，为城市注入了新的活力，由此也引发了新的城市功能与城市空间。沈从文笔下水手们买欢的吊脚楼现在是流浪者的酒吧，百年的老民居变成了旅游者的客栈。但城隍庙和关帝庙的香火依旧，市场里，人们依然夹杂着汉语与苗语交流。文化在这里碰撞，观念在老城里交流。在这样一座城市里，人口的变化会带来对城市怎样的期待呢，历史地段又该呈现什么样的特质？在中国现有发展进程当中，历史与现实碰撞的区域该呈现怎样的城市面貌；当我们正在失去传统的时候，建筑该如何自我完善；作为历史城市的有机部分，新建的区域该如何携带历史走向未来……这些都是值得深思的问题。

基地的情况是这样的：它已经在20世纪60、70年代逐步变成县委县政府及学校用地，完全改变了原有的城市肌理和格局，已经成为了凤凰古城另类、格格不入的“新建筑”。这里，是否能通过完全的“形态恢复模式”呢？

对凤凰古城的典型实例的测绘、调查后我们发现：马头墙等等是构成古城风貌的重要因素，但这些要素在其他地域，如贵州的民居和四川的民居等中，表现得更为突出，更为典型。街道空间的形态从总图上来看，曲折的街道和丁字巷路空间的组合，似乎也没有明显的特征。但你走在凤凰古城的街道空间中，这种曲折、变化和形态，总是让你不断得感到惊奇。

山地的高差，水体的环绕和形态要素的组织让人感到这座古城的魅力。这是一座经历千年历史已被古人多次解读和设计过的古镇！因此，小镇的空间组织结构以及生动的传统空间要素的巧妙集合说明了古人在地域特征条件下对传统建筑“原型”的解读和创造的能力。他们用这种解读的方式创造了他们所需要的，满足他们特定生活方式的空间和各类要素的分配、组织所构成的建筑模式语言。恢复空间的组织肌理——传统建筑模式语言，成为了我们需要探讨的重要问题。

因此，我们的研究从两个层面入手：

对街巷以及围合街巷空间的实体部分做了重新定义是我们首先需要解决的问题。对当地社会共同心理做出分析，并对周边的山形地貌做了考察，从人与自然两个方面思考了地域观念与地域条件对城市特色空间的影响。所以对传统城市空间而言，实体是比空间更重要的元素；分析实体部分的生成机制有利于我们深一步的理解整个城市空间的形成原理。

在建筑单体的层面，借用了类型学研究的相关观点，并从结构语言学的视角出发，将民居的生成方式视为特定的方言系统。在与外来语系的关系做出分析与对比之后，能更好的理解传统街区建筑的建构法则。本书通篇借用语言学的分析研究方法，按照篇章、段落、句子、词汇的序列，思考了城市、街坊、建筑、构件之间的体系关系，对历史地段城市设计的构形方法做出了独到的诠释。

书中所阐释的是弥合新城与旧城之间的裂痕的特殊方法。设计成果展示了遵循这样的设计原理后可能产生的形态。在给定的规则之下，新建的城市区域也会呈现出传统城市变化丰富的城市空间。在这里，设计不指向唯一解，而呈现丰富的可能性。这样生成的街区，既不是简单的现代主义思潮之下冰冷的城市环境；也不会是故作玄虚、无病呻吟的虚假的城市造景，而是符合当地居民生活需求的，满足新的城市功能的，具有地域形态特征的城市空间。

凤凰的实验，不可能完全解答我们在城市历史保护方面的所有问题与困惑，但却给出了一条可能的、有效的思考途径。

著者 2007.4.3. 北京

目录

上篇　设计·思考

上篇　设计·思考

源起

在旧城改造中，历史地段与新区之间的“灰色地段”缺乏单独的关注。在凤凰的工作中，我们试图探讨一种街区机理与建筑细节的自生成法则，以此来弥合而非缝补不同的街区。

凤凰，是一个精致的湘西小城，是大文学家沈从文，中国第一位民国总理熊熙龄和画家黄永玉等人的故乡。小城有着浓郁的文化气息与人文底蕴，正如沈从文先生笔下所描述的那样，小城空间格局优美，四面环山，沱江穿城而过。古城原本是为屯兵而造的兵城，但经过数个世纪的演化，城内的建筑与一般的湘西小镇并无太多区别。清澈的江水，弯弯曲曲的石板路，层层叠叠的风火墙给人留下的印象最为深刻。“凤凰民房的山墙多高过屋顶和屋脊，起防火作用，称风火墙。”[①] 这是沈从文先生的描述。

我们的基地位于凤凰古城最核心的地带，原本为县委大院，凤凰一中等单位所占据。教学楼，办公楼，五六层的居民楼与 20 世纪建造的教堂，文庙混杂在一起。由于尺度、肌理与古城其他区域格格不入，这片区域的景观显得十分的不和谐，很大程度上影响了古城形象。作为历史文化名城，这样不和谐的景观应该被改造。为了进一步保护古城，申报世界文化遗产，这样的区域迫切需要更新。

改造面临的问题十分微妙。在凤凰最核心、最敏感的区域里进行改造规划，我们戏称为“心脏上的外科手术”。这个手术完成得不好，不仅仅解决不了凤凰原有的城市问题，反而为凤凰增加新的伤疤；但最完美的修复，也并非创造新的、夺目的城市景观，而只是让这段不适当的建设留下的伤疤自然地愈合。为了实现这样的目标，我们首先应当思考的，不是凤凰的肌理是什么，而是为什么会形成目前的肌理。也就是说，首先要探讨的是凤凰古城肌理的生成机制。不能仅仅依靠自己的思考去解决凤凰的问题。要想让凤凰城中心这一大块疤痕愈合得宛若天成，了无痕迹，我们必须找到旧城原有的生成法则——凤凰自己的“空间文脉”[②]。我们所能做的工作，我想，

---

① 凤凰集：沈从文别集．江苏：江苏教育出版社.2005

② 详见后文：空间的文脉。

并不是依靠已经存在的设计理论与设计方法去设计一片新的，或者“仿佛是旧的”街区，去填充这片被损害的区域；我们的工作，是发现在这片土地上城市自然的生长与演变机制，然后将这些规律应用在这片区域上，催化城市的生长，在短的时间内快速培植出缺失的城市。

第一章　理论思考

一、先验理论缺失

然而，现代城市设计百余年来，并不存在什么先验的设计理论可以直接取用。对于实践而言，永远不存在可以直接套用的，完美的理论与方法。“从来就没有什么救世主”，要解决中国目前的城市设计实践中的问题，解决中国目前城市历史地段的设计问题，得“全靠我们自己。”[①]

1898年，英国社会学家霍华德就提出了著名的“田园城市”的构想。如果说这个以同心圆为基本形式的伟大梦想标志现代城市规划与设计的发轫，那么城市设计发展的历史足有百余年。虽然不可以奢望直接从前人的智慧中取用解决问题的方法，但百年来的城市设计思想的发展历程，却是我们思考今天所面临的问题的基石。前贤先哲们在各自历史文化背景下对各自城市问题的思索，那些闪光的智慧点，那些充满哲理的只言片语，都为我们今天探索新的城市设计思路提供了最好的钥匙。

二、沙里宁（E.Saarinen）的城市观点

我们最初的观念里已经认为，对于城市的设计并不应该仅仅从静止的角度去探讨。城市的生长，有其自身的规律。我们在凤凰的城市设计工作，一直在试图探讨支配城市发展的规律。那些有关城市的具有普遍性的，宏观性的规律，在过去的一百年里已经广为探讨，今天，我们应该就具体的城市来分析城市具体的存在规律。仅仅将这些独到规律解释为城市的特色还是不够的，我们应该从历时性的角度，去发掘所谓的城市特色的形成规律。

美国著名建筑师、规划师沙里宁（E·Saarinen）在他1943年出版的著作《城市：它的发展、衰败与未来》中，就曾经含混地指出过，城市是一个有机的生命体。他在书中提出“城镇建筑——利用城市设计的过程，是要使城市社区得到有机的秩序，并且，在这些社区发展时使有机秩序保持其生机，这种过程基本上同自然界任何活的

---

① 《国际歌》歌词。

有机体的生长过程相似。那么，我们完全可以依照对一般的有机生命的原则进行研究”。[①]在他看来，城市好像一颗树——“构成树木的细胞都按照其内在的力量不断生长，都具有自己的特征，并且都能组成不同树种特有的象征性图形。它们不同的组织方式就表现为不同的树种以及大自然中千差万别的植物群落。但它们之间又存在着某种协调一致，致使无数细胞千姿百态地形成某个品种树木的同时，千百株这个品种的树木又由于谜一样的趋于一致性而形成了和谐统一的森林。这样也就形成有机秩序——宇宙结构的真正原则”。这样的观点尽管有其自身不全面的地方，但对于在城市设计中单纯解决一些形态方面的问题还是极具启发性。城市大规模建设的过程里，如何既保证同一性又富于变化，也仍然是我们不断深思的问题。沙里宁的论述里，已经思考到了植物的种群，种群中的微差以及变化等问题，但没有作进一步的深入思考。沙里宁以“谜一样的趋于一致性”含混地概括了这样的现象的生成过程，并没有继续探讨这个谜团背后的原因。沙里宁在这里留下的问题，给我们今天思考城市设计问题留下了很大空间。在本文的后续部分将深入探讨这一观点。

除去“有机生命体”的观点，沙里宁观点中的另一个颇富启发性的重点在于对建筑的重视。沙里宁关于城市的观点，很多是从建筑的角度来思考。这样的出发点，也许是由于沙里宁所处的时代，也可能部分由于他自身的身份。但这样的观点，在一个不断重复“空间”的重要性，而逐渐忽略实体在城市设计中作用的时代，显得尤为珍贵。对建筑实体的思考，我们与沙里宁的出发点不完全相同，但读到沙里宁的观点，许多方面深受启发。思考的基点不同，但不妨碍结论的可同之处，殊途同归，倍感亲切。

在理论上，沙里宁十分推崇卡米洛·西特，循着他的思路，在西特分析、研究的基础上，沙里宁提出了他的城市设计理论，他要求把物质环境设计放到社会、经济、文化、技术和自然条件等各个方面中加以考虑，以创造居民基本生活需要的良好环境。沙里宁把城市设计的问题归结到恢复建筑秩序上，他看来，“城市设计基本上是一个建筑问题”。他所持有的从建筑看城市的观点，表明了他独特的城市思维方法。在这里，城市、建筑共同依赖的要素是空间。“建筑是寓于空间中的空间艺术(Architecture is Art of Space in Space)”；“规划是城市空间的艺术（The Planning is Art of Urban Space）”。他甚至不愿意用“规划”这个词，而将他的规划理论称之为“动态设计

---

① 沙里宁,《城市：它的发展、衰败与未来》. 顾启源译，北京：中国建筑工业出版社，1986

(Dynamic Design)”。沙里宁作为建筑师，思考的重点还是以城市的视角来看待建筑，“每一幢房屋都必然是其所在物质及精神环境的不可分割的一部分，并且应按这样的认识来研究和设计房屋”。但在这些观点的表述中，我们可以领会如何从实体的角度深度认识空间，而不是单纯地从空间入手分析空间。

三、“新陈代谢”派的东方性思维

将城市、建筑都视为有机体的观点，在“新陈代谢”派的思想里得到进一步的深入阐释。与西方的理论研究不同，东方人习惯以一种生生不息的变化观念来理解这个世界，同时也理解城市与建筑的问题。在我们研读凤凰的城市面貌时，也一直不愿停留在对凤凰静态的认识上。凤凰，仅仅在最近10年，城市面貌也有很大的变化，这样的变化有时候对凤凰的历史面貌具有一定负面的影响，但幸运的是，这样的变化最终又回归到城市应该存在的发展轨道上来了。现在，对我们认识凤凰有启发的是，在如此短的时间里，尚且发生过如此多，如此生动有趣的变化，那么，我们在认识凤凰数百年的发展历程中，又怎么能只研究今天业已形成的基本面貌，而不去探究面貌形成的动因以及变化的过程呢？对于凤凰，如果以一种变化的眼光来看待的话，又会有新的困惑暴露出来。对于历史的沉积，尤其近50年来的沉积，哪些是可以遗留下来，成为凤凰历史变迁中的坐标，成为记忆的见证，哪些是冗余的，应该在发展的过程中予以淘汰，在变化中被去除呢？若没有普遍的衡量标准，标准本身也是流变的，那么怎样的设计策略能适应这样变化的标准呢？我们又以一种什么样的标准来评价变化本身，以及在变化之下所存留或是新建造的城市要素呢？我们又怎样以一种具有前瞻性的，超前性的思想方法，让我们今天的建设变得更加有意义呢？什么才是在凤凰或是诸如此类的历史街区中应当具有的，能够面对今后发展的“强烈的生命和生命形式”呢？

启发，引发更多的思索。对于凤凰，思索比图纸更有力。

在1960年，黑川纪章、桢文彦(Maki Fumihiko)、菊竹清训等人在东京的一次国际设计会议上提出了“新陈代谢”的理论模型，主张把现代城市和建筑从机械的几何学中解放出来，从对现代技术的依附中解放出来，现代城市和建筑应具有新陈代谢的功能和特点。他们的某些思想受到了Team 10强调流动与变化的影响，丹下健三的理论与实践也对新陈代谢的形成产生过重大影响。新陈代谢派的观念，根基于20世纪60年代飞速发展的日本经济，很多观念过于乐观，是建筑学界不羁的狂想，大部分缺乏可实施性，但其中蕴含的东方式的哲学思考对中国的城市设计很有启发。他们观点主要有：

- 面对机器时代挑战的强烈的生命和生命形式。
- 复苏现代建筑中被丢失或被忽略的要素，如历史传统、地方风格和场所性质等。
- 不仅强调整体性，而且强调部分、子系统和亚文化的存在与自主。
- 文化的识别性和地域特性未必是可见的。正如人体的信息通过脱氧核糖核酸传递给后代一样。传统，因其不可见的哲学、生活方式和审美代码而受到重视，这展示了有可能通过最先进的当代技术和材料表现地域的可识别性。
- 新陈代谢建筑的暂时性。用佛教的“无常”观念代替西方审美思想的普通性和永恒。
- 将建筑和城市看作在时间和空间上都是开放的系统，就像有生命的组织一样。
- 历时性：过去、现在和将来的共生。
- 共时性：不同文化的共生。
- 神圣领域、中间领域、模糊性和不定性，这些都是生命的特点。
- 作为信息时代的新陈代谢建筑，因隐形的信息技术、生命科学和生物工程学提供了建筑的表现方式。
- 重视关系胜过重视实体本身。

对我们今天思考中国的城市设计而言，这样的思考弥足珍贵。掀开其前卫思想的外表，我们可以窥探其东方主义的内核。对于自身传统的继承，新陈代谢派的思想没有强调具体的，静态的物的价值，而是诉求于文化自身的生命力。这样生长着，开放着的思想，对于城市设计的具体案例而言，很有启发价值。对于历史地段，传统街区的城市设计，它提供了一种有别于简单的、以保护为主的城市设计策略之外的新方法；对于一般的住宅区建设或综合开发的项目而言[①]，它又提供了一套行之有效的，找回民族的，地域的自身价值的方法。

对于我们的地段本身，“新陈代谢”的有关理论，对于我们先前的一些困惑与思路也大有裨益。对于地段本身的理解，“新陈代谢”式的思考能够解除部分疑惑，增

---

① 哈德·雪瓦尼(H. Shirvani)《城市设计过程》中的分类方法。

加解决一些有争议问题的信心。对于凤凰中心区这一地块本身，文化即成“共时”的状态。不同的文化模式在这样一块小小的土地上，以非常和谐的方式并存着。尽管有历史上的血雨腥风，但今天，苗民和汉民在这个边远小镇宁静地共处。尽管生活习俗和语言上都存在巨大的差异，两个民族在这里仍然能够水乳般地交融。不仅仅地方性的文化要素可以在小小的山城并存，更遥远的外来思想文化也能在这里找到生存的土壤。凤凰，弹丸之地的小山城，居然在城市的最核心地带，同时拥有一座文庙与一座教堂。教堂距离文庙大成殿不足百米之距。教堂的材料，已经是当地朴素的青砖，但屋顶的坡度，尤其半圆形拱券的窗户，还是标志着外来文化的特色。这样的文化上的共生现象，反映山城的开放性，同时承载了凤凰发展的历史。也带给我们很多思想上的启发。保护一座古城，不单是维护它的旧貌，而应该找到它应当有的，相对正确的发展轨道。

然而，很多东西无法也没有必要去细细分辨其存在的意义。某些城市要素的存在，其意义究竟在于其历时性，还是其共时性不能被清晰地识别。基地内的老县委办公楼，在证明历史变迁上有一定的意义，在城市格局的建构上也有其特定的作用，在很多方面都有价值，我们主张保留。这栋 50 年前修建的县政府办公楼，两层，青砖砌就，安静含蓄。这样的小楼，从文物保护的角度来认识，并没有多少价值。在城市肌理上来讲，与现存的教堂，文庙，甚至与街巷也没有太大的关联。对于很多人，包括当地的建设者与主管部门，都力主在这次改造规划中将它抹煞。但我们认为，从历史与现在共生的意义上，无论如何应该保留这栋建筑。尽管从文物建筑本身的角度，它毫无价值，但这样的小楼可以见证城市历史的脉络，从个体的角度，它或许平凡，但对于城市，它有特殊的意义。况且，在反复的推敲研究后，我们发现，从大的山形水系的角度上，它的朝向并非无理。相反的，这栋小楼很好地照应了周边的地形地貌。这栋建筑对我们认知城市的历史与形式都有极大的作用，不应该被拆除。

对于新建的地段，无论形式与形制上多么接近原有的范式，它仍然不可能完全具备历史感。尽管在形式上具有强烈的生命力，但从历史感的认同上，还需要时日。我们强化场地的历史感，一方面依靠对教堂，文庙大成殿，县政府办公楼这样的具有公共意义建筑的保留；另一方面还可以通过对未来与现在共生问题的思考。我们认为，在基地里，除了按照凤凰城市的肌理与肌理的生成法则恢复具有历史感的街区，还可以建造超越时代的建筑物。这样的建筑物，具有本土建筑的一般意识，但在某些方面应当具有未来感。以局部的，少量的，隐秘的，未来的建筑形式，提供面向未来的城市要素。由于这些要素的存在，印证了其他要素存在的历时性，反衬了其要素的历史感。如此，通过对历史、现在以及未来的城市要素的并存，凸现了时间这一设计元素，使得场地获得时间上的存在深度。

对于基因的理解，我们认为“新陈代谢”的某些观点提供了研究的起点。在他们的建筑作品中，基因的观点被物化为可以不断重复与拼接的单元，因此产生了像抽屉一样的建筑。但是，对于城市而言，基因的概念运用要灵活得多。对于一座城市而言，建筑本身具有不确定性，而且对于每栋建筑而言，我们还可以继续深入地探讨基因存在与运作的具体方式。当我们面对城市时，我们更能以“全息”的生命视角来探讨各个要素在时间以及空间深度上的问题，思考凤凰这样的山城在过去与未来，在城市或单体各个具体的物质层面上的问题。

四、芦原义信(Ashihara Yoshinobu)的城市空间观念

历史文化名城的空间，最富于特色的是它的街巷空间。曲折的街巷，不可预期的小型的开放空间，给人一个又一个的惊喜。城市设计者们，将工作的重点放在街巷的设计上。但对于街巷的理解，我们认为不能脱离对围合街巷空间的建筑实体的思考。在芦原义信的观念里，在他这样东方人的思想中，道路空间和围合这样空间的实体有微妙的转换关系。“阴”与“阳”是可以相生相克，互为转换，是可以“易”的。

1975年，芦原义信出版了著名的《外部空间设计》，书中总结并融合了世界上的空间分析理论，旁征博引各家之说，并运用自己设计的若干案例，提出了“空间秩序”、“逆空间”、“积极空间与消极空间”和“加法空间与减法空间”等许多富有启发性的概念。作为来自东方的学者，芦原义信的思想对思考东方的城市设计问题更具启发性。芦原义信在其名著《隐藏的秩序——东京走过二十世纪》的序言中指出：“在日本的城市中，局部是洗练的，在胡乱布置的后面有一种隐藏的秩序使得它们适合于人们居住。”但他没有具体分析这种隐藏的秩序究竟是什么，它又是如何具体影响建筑与城市的生成的。但这种“隐藏的秩序”在东方传统的城市空间里的确存在，东方的城市空间受到不同于西方城市空间的规律的支撑。西方的城市空间结构至少在两方面与东方的城市不同，其一是公共设施多设在城市的中心部，具有公共空间作用的是广场，而东方有着截然不同的城市中心：印度古代理想城市的中心是一棵菩提树，而中国古代城市的中心则多是衙署、鼓楼，均不是直接与市民生活紧密相连的城市核心。日本的古代城市也是如此，市中心是城主的住宅，市民都住在城堡四周。其二是道路空间结构，即“路”和沿路两侧建筑的空间关系不一样。在东方城市中街道承担着商

业活动、信息交换、人际交往等多种生活功能。到了节日，游行的人群也巡回在街道上，而“街头说法”、“街头叫卖”、“街头表演”和“街谈巷议”等用语，都说明了是街道把人们的生活与城市紧紧地联系在一起的。而西方欧洲的城市，则是靠广场上的聚会，将市民生活与城市联结在一起的，广场是提高城市意识的媒介空间。[①]

我们在凤凰的设计研究中发现，对于中国传统的城市空间而言，街道虽然是富有活力的场所，但它的活力来自不可琢磨的可变性，利用现代城市设计的理念，我们没有方法很快把握这种变化莫测的空间。倘若我们利用随机性的理论与方法去琢磨这样的空间，又似乎小题大做。但如果以实体与空间转换的基本观点来思考这些问题，却很容易找到解决问题的办法。关于空间与实体关系的思考，我们在下一章中专门论述，这里不再深入探讨。而芦原义信的思维方式给人很大启发。另一个值得注意的方面是对于“隐藏的秩序”的思考。在前人的观念里，很多次提及了有关城市发展的规律性问题，在沙里宁那里，这样的规律被表述为“谜一样的趋于一致性”。沙里宁以这样的思路，思考区域内建筑趋同的规律，在“新陈代谢”派的观念里，城市与建筑的发展，正如“人体的信息通过脱氧核糖核酸传递给后代”。基因，不是作为物质被传递，更多的是作为控制物质发展的“信息”被传递。在前人的观念里，共同的观点是企图描述城市、城市空间、城市要素生长变化的规律，而且他们都模糊地意识到生命发展的规律和城市生长的规律在很大程度上具有相似之处，但是这样的规律到底是什么，它怎样引导城市发展，却未被清晰地解释。在 20 世纪 40 年代，这种规律像“谜”一样，在 20 世纪 70 年代，它仍然是“隐藏”着的。我们想，在 21 世纪，我们应当可以尝试着探讨这些神秘的规律。也许不能发现城市设计的普遍的、永恒的“道”，甚至这样的“普世之道”是否存在，也值得怀疑，但我们认为，仅仅就凤凰而言，就有限的个案而言，应该可以找到具体的、适用的城市设计方法。这样的方法，应当能很好的解决我们目前在历史地段的城市设计中面临的一系列具体的问题。

第二章　继续探讨

我们所探索的理论，归根结底要为城市设计的实践服务。而在目前的城市设计实践中，针对凤凰中心区的改造，我们感到，一些普遍性的问题应该得以深入的再思考。

一、 从实体到空间的城市设计思维模式

[①] 参考黑川纪章的城市设计观念。

有史以来，“城市一直作为一个整体的系统被设计和建造着”[1]。但无论理论多么繁杂，多么的高深莫测，城市设计的最终成果都应反映到具体的三维的实体形态上。当前对城市设计的研究很多，但过分强调城市设计中的非物质性要素，忽略“实体空间、”“体形环境”[2]并不一定能有力的推进城市设计的理论与实践工作的发展。另外，不断拓展城市设计的外延，强调“从空间布局到全面布局。包括工程措施的空间布局也在城市设计范围之内”[3]的观点，我们认为对于城市设计的深入研究并非完全正确。城市设计的内涵适度扩展，对全面认识城市，认识城市设计确有裨益，但过多的扩展，将会混淆城市设计与其他设计专业的界限，模糊城市设计的根本目标，使得城市设计的学科意义不明确，甚至降低城市设计的存在意义。乔纳森·巴奈特(Jonathan Barnett)说城市设计是“设计城市而不是设计建筑”，但值得我们警醒的是，城市设计与城市规划在设计城市这个问题上，也有着本质的区别。“城市设计是三维空间，而城市规划是二维空间，两者都是为居民创造一个良好的有秩序的生活环境。”[4]我们在城市设计过程中，也会研究城市的政治，经济，文化等其他要素，单本质目标还是建立一副关于城市的三维图景，而不是仅仅解决二维平面上的问题。

目前，对城市设计的认识林林总总，不一而足。但无论哪种认识，对城市设计的关注都不可能远离城市的三维物质形态。

2002年，为了让市民更好的了解与关注香港的城市发展与变化，更好的评核城市设计，香港规划署颁布了《香港城市设计指引城市设计概念和原则》。在这份导引中给出了关于城市设计比较新的定义：“一般认为，城市设计是就不同发展阶段的社会和经济环境，为城市中的建筑物和空间订定设计方向的一项过程。”这个定义很精练，而且反映了学术界最新的研究动向与基本共识。城市设计的视野很宽阔，并没有简单的停留在物质形态的表层，而且认为城市设计是动态发展的“一项过程”。但从这份导引中仍然可以看出，在城市设计的过程中，研究的落脚点还是应当停留在“城市中的建筑物和空间”上，城市设计的根本目的是要“城市中的建筑物和空间”定下一个方向。

而《大不列颠百科全书》中对城市设计所作的定义就更为直接地表述出三维空

---

[1] Ungers O M，Vieths S. The Diatectic City. Milan：Skiraeditore. 1997

[2] 城市的“实体环境”. 梁思成先生翻译为“体形环境”。

[3] 胡昭广.《领导干部科技手册》. 北京：北京出版社，1991

[4] 沙里宁（E.Saarinen）《论城市》。

间与实体的重要性："城市设计是对城市环境形态所做的各种合理处理和艺术安排。"

《大英百科全书》的说法则更为详尽："城市设计是指达到社会、经济、审美或技术等目标在形体方面的构思，它涉及城市环境可能采取的形体。就其对象而言，城市设计包括三层次的内容，一是工程设计，指某一特定地段上形体环境的创造；二是系统设计，即考虑一系列功能上有联系项目的形体;三是城市或区域的设计，包括区域土地利用、政策、新城建设、旧城更新改造等的设计。"在这份对城市设计的定义中，从总则到分述，每一个层面都反复提到了"形体"。"形体"一词，在短短的一段表述中重复出现了四次[①]。

然而，在我们今天的城市设计中，对于非物质的要素关注越来越多，但如何将成果落实到具体的实形与空间上去，却未被很细致地研究。在空间与实体的问题上，对于空间的思考很多，对于实体的研究却远远不够。

在哲学思考上，空间与实体的关系早已被论证。在中国人的传统观念里，空间的布局是"阴阳互易"。"易"字所强调的正是一种变化，一种相对关系。反映到建筑问题上，也就是空间与实体的相互依赖与转换的关系。二者的关系在一定程度上可以互为补充，互为置换，互为依存，失去一方另一方也就不存在了。基于这样的认识，在现代城市空间的研究中，常常应用图底关系来思考建筑与空间的对比关系，建筑物的公共空间与室外公共空间的连续性等问题。芦原义信在他的著作《外部空间组合论》中提出了许多富有启发性的空间概念，在他的观念里，城市空间与建筑室内空间有相似处，一定程度上可以互换。他的很多观念，本质上也是基于对空间与建筑实体辨证的认识基础之上产生的。在分析了意大利和日本传统城镇空间在文化上的差异，比较了建筑师与园景建筑师不同空间概念之后，芦原义信指出建筑外部空间不是一种可以任意"延伸的自然"，而是"没有屋顶的建筑"。芦原义信的著作里，虽然没有明确论述空间实体的存在关系，但这样的基本认识贯穿他认知空间的始末。他独到的思维方式本身及成果对我们今天思考凤凰的问题大有帮助，具体的已在前文叙及，此处我们希望借助这些已有的思考，并结合传统的"图底分析"的方法来重新认识我们的城市。

在过去的数千年里，人类缺乏对空间的准确认识，但在现代建筑，现代建筑理论发展百余年之后，空间的研究突飞猛进。对空间的关注，某种程度上甚至超越了实体本身。在现代建筑出现之前的时代里，建筑的创作中，空间在认知上一直没有被单

---

① 转引自：赵晨，建筑时报. 2005-08-02. 《城市设计与地段特点》

独思考；在技术上，由于受到很大的限制，也没有自由表现的可能。现代建筑产生与发展之后，人们对于空间的认识发生的很大的变化，在空间上的表现上也获得了空前的自由。这样的认识，极大地拓展了人们对自身所处的三维世界的理解。好比人类发现了数字“0”，从此重新认识了数学世界；我们认识了空间，也将从“虚空”中重新思考我们所生存的环境。但在目前的城市设计实践中，对空间的关注超过了建筑实体的研究。实体不再是空间的主角，而沦为设计的背景。在这样的情况下，城市环境的图底关系同样不可逆转，建筑缺乏应有的关注，建筑群体缺乏可实施的[①]控制手段，建筑群体支离破碎。这样，同样无法围合出完整的空间，无法创造令人满意的城市。

应当在城市设计过程中，重新深入思考城市中建筑的问题，思考“实体—空间”这个共同体中，实体的作用与地位。而且，实体在一个城市设计过程中，不仅仅通过形体本身对环境产生影响。建筑实体所拥有的色彩，材料，细部造型都会对城市设计的最终成果产生明确的影响。我们目前的城市设计实践中，对空间部分的设计关注较多，“城市设计的主要研究对象是城市空间和景观环境。”[②]这样含混的观点仍然对设计工作造成影响。城市设计似乎渐渐等同于城市景观的设计。在具体的案例中，对实体的控制，由于缺乏相应的研究，往往得不到深入，无法很好地指导城市设计的深度

[①] 图 01:nolli 的罗马地图描述了 1748 年的罗马，是最早的以图底关系描述城市的地图 http://www.imago-terrae.com/rollover/index.html

[②] 徐思淑,周文华，《城市设计导论》. 北京：中国建筑工业出版社，1990

运作。我们认为，在城市设计方法的探讨过程中，应该对实体部分作与空间相应的研究，避免目前“重空间，轻实体”这样矫枉过正的情况。“……埏殖为器，当其无，有器之用。”当黏土也不存在了，又何谈有无呢?

二、分层次、有类别的建筑设计

在城市设计的过程中，如何对建筑问题进行探讨？探讨的重点应该落在何处？城市设计中的建筑设计与建筑设计阶段的建筑设计又有什么区别与联系?在目前城市设计的实践中，这些都是不断困惑设计人员的一些问题。

1.同层级中的城市设计，建筑设计的问题探讨

研究城市设计中的建筑，不仅要关注建筑物在体量上的特征，还应该关注建筑物在其他方面的特性。城市设计的层面不可能过分关注到建筑的细节。功能空间的分异不应该是这个阶段建筑设计工作的中心，应该充分关注作为城市建筑的共性问题。这种共性，随着设计层面的变化而变化。层次越高，群体内建筑的数量越大，建筑之间的共性越少；层次越低，群体内建筑的数量越少，建筑之间的共性越多。在大尺度的区域级的城市设计，中尺度的分区级城市设计中，建筑物在风格，色彩，材料等方面的共性越少，在这样的案例中，对体量关系的研究所占份额应该要大一些。但是，在小尺度地段级的城市设计中，建筑群较小的情况下，建筑物与建筑物之间的关系更加紧密，建筑物之间在建筑语言上的共性也增多。在这样的设计案例中，设计人员应该将很大一部分精力来研究建筑物在材料、色彩、风格上的共同之处。这样的一组建筑，由于地处同一片基地，受同样气候的影响，为同一片地区，同一伙人群服务，有着相近的建筑性质，感受着相似的文化，它们之间必定有许多的关联。这些关联，这些共性是如何在建筑的外形上反映出来的，这些共性在一组建筑中又可以怎样的变化或者进一步同化，这些都应该成为我们细究的问题。我们“将建筑和城市看作在时间和空间上都是开放的系统，就像有生命的组织一样。”[①]

这样，我们可以从具体的建筑问题里跳将出来，但是仍然能找到指挥建筑与城市发展的“道”。

2.不同层类型与结构的城市设计中，建筑设计的问题探讨

这样的问题在不同层面上的城市设计有不同的反应，在不同类型结构与主题的城市设计中也将会有不同的反应。对于

---

① 参见：“新陈代谢”派的城市设计思想。

- 综合开发
- 城市保护
- 住宅区改造

这三类不同的开发模式[1]中，对于建筑物的共性研究并不停留在同一个深度上。对于以保存为主的城市设计(urban conservation)及城市更新(urban revitalization)项目而言，探讨设计范围内建筑的类型与共性问题更为重要。保持建筑在区域内的同一性，更有利于凸现基地的特征与价值。而且对于此类建筑项目，由于受同样的文化背景的影响，建筑物在某些方面，例如建筑的细部符号，建筑细部构造、建筑材料、建筑空间脉络等问题上，更容易找到相同的答案。而且，由于项目的特殊性，出于对项目保护的考虑，建筑设计过程中，强调对原有文化因子，建筑语言的发掘，以及这些语言的灵活地创造性地运用，而不在于太多的原创性。这样，在以保护为主的项目中，不仅仅有可能，而且有必要对建筑物的共性问题在城市设计阶段予以研究。

城市设计目前所涵盖的范围越来越广，对城市设计的问题也要有层次，分门类区别对待。凤凰中心区的改造，对于凤凰城区而言，以保护为主，建筑的具体要求比较多，对实体的控制条例可以具体细致一些，但城市空间的变化比较多，具有一定的灵活性，开放性。如何以这些较为具体的建筑导则控制变化多端的城市空间，是我们设计中将会面临的一个颇为有趣的任务。

第三章　论设计方法

一、 法无定法

现代城市设计理论诞生以来，城市设计并没有固定的完善的方法体系。“所有这些说明，重在意识形态的努力还仅仅停留在实验性理论的可行性探索上，而试图把所谓的秩序和控制强加于城市将是徒劳的。”[2] “法无定法”，“一法得道，变法万千”，真正城市设计的原理与方法和其他设计工作一样，并不强调解决问题的僵硬模式。而是应当针对具体的问题，本着服务于人，以人为本的思想去工作。我国城市设计目前面对的问题，一方面是飞速发展的城市化进程，以及在此进程中城市自身面临的问题；

---

[1] 哈德・雪瓦尼(H. Shirvani)《城市设计过程》中的分类方法。在王建国先生的《城市设计》中，城市设计按照类型可以分为：开发型城市设计；保存型城市设计与城市更新；地段级城市设计三类，分类方式大体一致。

[2] Ungers O M，Vieths S. The Diatectic City. Milan：Skiraeditore，1997

另一方面是对个体的“人”的越来越强烈的尊重。“城市设计的本体是城市，而城市的本体是人。”[1]这两个方面的变化，对城市设计，本身在宏观与微观两个层面上都提出了新的要求。城市设计，一方面是要多方面的探索新的技术手段；另一方面，“当务之急是确立新的学术思想 …… 确立新的正确的思维方式和思想方法”，“城市设计方法论的主旨首先是倡导正确的思想方法”。[2]

二、基本理论

王建国先生在《城市设计》一书中将城市设计的分析方法大体分作以下几类。

- 空间形体分析方法：主要涉及视觉秩序分析、图底关系分析的方法；
- 场所文脉分析方法：主要谈及场所结构、城市活力、认知意向的分析；
- 生态分析方法：主要论及麦克哈格的生态规划观念；
- 相关线域面分析方法：探究了城市中的“物质线”、“心理线”及“行为线”等问题；
- 城市空间分析方法：探讨了心智地图、序列视景分析、空间记注分析等方法。

王建国先生的分类方法，从城市设计所涉及的知识结构上对可能运用的城市设计研究方法进行了详述。分类没有囿于前人的研究框架，对城市设计中的形体塑造，文化传承、生态理念、社会心理等方面分别做了探究。与之相类似，洪亮平先生在其《城市设计历程》中按照以下五个方面探讨了城市设计的基本理论方法。

- 城市设计的“形式论”－空间与秩序。
- 城市设计的“含义论”－场所与文脉。
- 城市设计的“活力论”－生命与活力。
- 城市设计的“意象论”－环境与意象。
- 城市设计的“有机论”－生长与衰败。

而美国康奈尔大学的罗杰·特兰西克教授在《寻找失落的空间》一书中更为简洁的总结了城市设计理论中三种最常见的方法。

- 图底关系理论（figure－ground）；
- 联系理论（linkage）；

---

[1] 郑海佩.《漫谈城市设计》

[2] 洪亮平.《城市设计历程》.北京：中国建筑工业出版社，2002

- 场所理论（place）[1]。

这三种理论是更为普遍和基础的城市设计的方法。

上述各种研究城市设计的理论与方法中，大部分都是我们在设计实践工作中常用的设计方法与理论依据。值得我们深思的是这些方法在应用过程中，有价值的是其基本原理与思考方法，而并不在于其结论。然而，在设计实践中，很多这样的经典理论及其衍生出的方法，甚至结论都被奉为设计的金科玉律，直接用以指导设计实践。这样的结果，导致理论与实践出现偏差，理论无法直接与实践对话，这种情况应当改变。我们今天的城市设计工作，一方面需要先进的理论；另一方面更需要理论与实际工作的结合。我们能够，而且必须在前人的理论基础上，找到自己的城市设计具体的原理与方法。

三、方法更新

城市设计中，不仅仅要在设计目标设定时拟定出有地域特色的设计目标，更应该探讨有自身文化特点，在政策、经济、文化上都可行的设计策略与方法。中国的城市空间与西方的城市空间，有着很多本质的区别，运用同样的理论，在应对不同的对象时，会产生不同的结果。

我们在研究凤凰中心区的改造问题时，没有预先设定的设计观点，操作的方法与最终的结论都是结合实际问题分部研究，逐步推论得来。在设计过程中，我们结合实际问题，运用城市设计意象论，图底分析法，类型学原理对凤凰这个小山城做了认真的剖析与解读，最后得出的设计原理，在地段级的城市设计层面解决了一些实际问题。整个设计过程没有拘泥已有的设计定论，努力探索了我国现阶段条件下，历史地段保护的城市设计所面临的一些问题。

我们的工作，在以下几个方面做了自己独立的探讨：

- 凤凰特定地域性城市空间形构与秩序的发现与操作；尊重原有的城市肌理，以回应凤凰作为“山城”、“兵城”的城市意向；
- 面对城市空间历史所累积与纠结的空间情境，发挥语言的干预作用；
- 一个从基地现状所引发和延伸的设计思考：重新找回凤凰特有的城市记忆与特征；
- 找到古城的生长规律，在古城范围内快速人工培植一座新城；

---

[1] 金广君.《城市设计图解》

传统古城内的公共建筑对周边建筑的影响，传统聚落中公共空间的营造，及其与现代游憩功能的结合。

我们工作的意义在于，在城市的核心区重建一片有地域特色的建筑，以此来保全、保护凤凰的城市特色与建筑特色。

“我们对城市景观与文化遗产制定和实施了一系列保护措施。但是，对于历史文化城市特有的空间理念、生活方式以及由此而形成的富于传统民族文化内涵的日常生活空间，却缺乏深入的分析、恰当的定位和充分的保全对策。”[①]在凤凰的工作，就是在理解原有城市的历史格局的基础上，弥合城市肌理的伤疤。

在对凤凰的研究中，我们首先寻找建筑的生成法则，企图探讨出凤凰民居的“空间文脉”。对于一座古城，仅仅研究古城的城市肌理是不够的，我们应该探讨肌理的发生原理。就城市的形成过程而言，大体上可以将城市分成两类：一类是有规划的城市，即“自上而下”而形成的城市；另一类是自由生长的城市，即“自下而上”的城市[②]。“自上而下”形成的城市经过详细的规划，但“自下而上”的城市也有其自身发展的规律。从凤凰的旧城格局来分析，它是一座沿江并与山自由生长的一座小城。这样的小山城，在中国的历史文化名城中有很强的代表性。在中国，这样的小山城、小山村大多是自发形成的。有些山城或山村，整体上经过简单规划，但局部仍然是自由生长的。研究凤凰的生成规律，对描述这样的村镇很有意义。在以往的研究中，常常研究民居聚落静态的构成方式——肌理，而不去探讨它们的发展演变过程与原理，不去研究引发这些过程的原理——“空间的文脉”。设计成果也是对这样的肌理作静态的拟态，而不是按照民居自然的生长规律，让民居自己生长出来。按照原有的设计方法，很难得到令人信服的，生动活泼的城市景象。而我们认为，对于历史地段的城市设计而言，关键是找到空间发展中的“脉络”，以一种动态的、灵活的观点来认识民居的生长与发展过程。另外，在历史地段的城市设计中，大部分的理论强调对历史文脉的保护。这种观点，将文化作为建筑环境的附加物。在城市设计阶段就将建筑视为“实”的、具体的问题对待，忽略了城市设计阶段的建筑设计的特征。忽略对于城市而言，建筑的单体实际上一直处于可变化的状态。建筑在城市设计的层面，它的“生长—发展—衰败”过程、原理本身也是无形的文化资产。它的这些规律，受到经济，

---

① 张天新.《城市设计理论与典型案例分析》

② 金广君.《 图解城市设计》.哈尔滨：黑龙江科技出版社，1999

社会变迁，以及居民的社会心理、文化习俗等各方面的影响，含有丰富的文化信息。这些信息，是不同于我们过去定义的“文脉”，它包含新的，有关建筑自身发展的遗传密码，是建筑特有的“空间的文脉”。找到这些规律，对我们在城市设计层面指导建筑设计很有帮助，同时按照规律来修复，弥补古城缺损的部分，本身也是文化恢复的一部分。

在以往的图底关系研究中，力图证明是好的城市设计，能够确保有相对完善的室外与室内空间。图底关系的方法，应用在建筑设计、城市设计中，很大程度上也是为了控制并保证外部空间，内部空间完整，积极。但用图底关系分析中国的民居聚落，我们会发现，绝大多数的建筑保持着相对较为完整的平面外形，而街巷呈现较为零乱松散的形式。这样的形态很大的成因是由于对于没有规划的城市而言，私宅的户主会出于生活习俗、禁忌、迷信等方面的考虑，将自己家的房屋建得尽可能规整、舒适。而不太注意街巷空间的完整性。这样，街道空间曲曲折折，变化颇多。又由于每家每户出于对自然环境的尊重，对地形的适应，对道路的避让，整体上建筑在朝向、体形等方面会形成自己的规律。街道空间因此在大体上也会保持一定的规律，一定的宽度。综合以上两个方面的因素，街道“大曲小直”，变化中蕴涵着规律。利用图底关系研究，我们发现，对于凤凰古城里这样的传统街巷的城市设计应该采取以下的设计方法：

从实体入手的城市设计

应当从建筑的实体出发来进行城市设计，而不是像其他城市设计那样从城市公共空间入手，先思考单体的可能性与基本特点，然后考虑组合后的群体关系。街道也许是消极的，至少生成过程与方法是相对消极的。但在这种消极生成方式下生成的空间本身未必就是消极的。无法预测的空间变化加上中国人传统的生活习俗，街道，永远是生机勃勃的空间，是传统中国城市里最富活力的地方。

单体的聚合规律

单体的聚合规律应该从风水、大的山水格局、与公共建筑，公共空间的关联等角度出发进行研究。在研究公共空间的过程里，我们必须思考中国传统中原有的公共空间类型，并且思考这样的公共空间类型与现代生活要求间的矛盾。

单体的设计

单体的设计是城市设计的基础与基本元素，因此单体的控制显得尤为重要。单体的设计，可以结合类型学原理进行深入的探讨，而且这样可以保证在设计过程里大量建造民居的时候，建筑在具备同一性的条件下，在细节问题上又具备变化的可能。类型的研究方法也有很多，在阿尔多·罗西看来："类型就是建筑的观念，它最接近于建筑的本质。"但与罗西的类型学观念不完全相同，我们并不是从建筑—生活的观点，按照大的建筑单体尺度简单地将建筑划分成不同的建筑类型。我们所持的观点，是将类型的方法贯彻到单体—部件—细部的体系中去。在这个体系中的每一个层级里，所有的元素被分类。建筑在这些被分类的体系中重新得以思考，按照一定的法则重新组合。建筑的风格因而是地方性的，而建筑的可能又是无穷尽的。

中篇　设计·手记

中篇　设计・手记

第一章　调研

基地就在县政府的周围，包括县政府大院，家属区。凤凰县中学等。沿基地周围几乎都是门面，大多是 20 世纪 80 年代后期建设的。部分建筑有 5～6 层。建筑的风貌质量状况一般。有的建筑有一些地方性的符号。

从地形图上可以看出来，地段内的建筑肌理和古城格格不入，新建建筑尺度大、兵营式的排列、鲜艳的颜色等都是原因。好在政府决定搬离古城，县政府的家属院也随之拆除。县政府后面的县一中的院子里，有历史遗留的文庙主殿——大成殿。考证证明大成殿正面的两颗金银桂花也是古迹。大成殿的左右是县一中的两栋教学楼（平房）有一种莫名的“气质”：高大的竖向玻璃窗配着青砖勾勒的线脚、平缓的四坡顶似乎有一点舶来品的味道。县一中的后门其实已经是主要的旅游路线了，与沿沱江的城墙仅一路之隔。

从另一边再看基地，景点朝天宫的对面有一座教堂，虽然现在已经辟做他用，但是细致的磨砖对缝做法，拱券的窗户，高大的入口都暗示着这座建筑过去的非同寻常。教堂后面天然的高差大概有 5 米，几乎可以俯瞰基地内部全部建筑的屋顶。教堂依偎着的一棵叫不上名字的参天大树 “状如华盖”。到教堂的正入口要从另一边绕过去。正立面上窗户的位置已经被改动过了，换上了不合拍的铝合金窗户。不过正面四层高的高度再加上天然的高差，完全可以作为古城内部的制高点。

我们随后开始在更大的尺度范围内调研，先是基地的周边，然后拓展到整个凤凰县城内部，最后是县城周围的山形地势，这个阶段的调研困难多收获也大。

几百年来，凤凰一直处在主流文明的边缘，处在汉民族和少数民族冲突的旋涡中心。但是，军事冲突并没有妨碍凤凰成为地方的经济中心，很多文献记载了这一点。作为西南重要的军事要塞，凤凰保留了许多“兵城”的特点，作为经济中心，凤凰也曾经商贾云集。现在的凤凰则已经完全是旅游城市了。

凤凰的建筑群有其独特的魅力。房子大多依山傍水自由的建造，屋顶层层叠叠，高高起翘的马头墙镶嵌其中。没有太多的型制的限制，单体建筑的布局非常自由，街道空间小曲大直，各种鲜活的事件充满其中，那些在以前了解的关于凤凰的点点滴滴总是在某个街角不期而遇，仿佛邂逅多年不见的朋友，总是亲切。乍一看，建筑群的感觉可能有点乱，实质是不同地段的建筑自然地顺着地势而建。有些地段的建筑临江，有些靠山，有些临河，有些为山水所迫，有些依山就水。每栋建筑之间或挽手相连，或背靠而立，一群群，一簇簇的散落在山水之间。街道则是分割这些簇群的利器。每个簇群的内部空着的院落星星点点，院子通常很狭窄，而且会有数进之多。虽然有的院子只有不足 2 米宽，但对于兵荒马乱的年代和阴冷潮湿的天气来说，这一方光阴静谧的天空已然足够。

第二章　细部概述

1. 门

凤凰的门有着多种形式。不同形式的门带给人们不同的心理感受。门的造型、材料都给予凤凰的城市环境以不同的语汇。这些在建筑单体的塑造过程中都将带给建筑丰富的表情。

2. 窗

凤凰的窗形式多样。砌块对传统的砌上漏明形式的演义，体现了民居的灵活性，让人无法不惊叹劳动者的创造力。窗户的大小、开启方式与其他构件的关系都将成为非常细小、具体文化的表述方式。很多窗户的形式也证明了凤凰曾经受到过外来文化的影响。

3. 马头墙

凤凰的马头墙风味独特。以直线形的马头墙为主，兼有极少的猫弓背，三角等形式。凤凰的封火山墙两头微微起翘，极具古风，是当地民居的特色。马头墙的变化集中体现在屋角，卷云等细部的做法，结合体量与其他构件的配合变化，展现凤凰建筑千变万化的形态。

4. 凉亭

突出屋面的凉亭是凤凰独有的形式，功能上解决了湿热地区的气候问题。尽管拥挤，但家家户户都有地方晾衣服，天热的时候，有乘凉的去处。凤凰民居的另一特色是天井狭小，十分阴凉，为了和湖南漫长的雨季适应，常常在院内设走马楼，或者几乎盖住整个天井的过廊。

5. 细部做法

凤凰的墙体变化主要体现在两个方面：①材料的变化。石材、黏土、本地石材打碎后压制的砌块等。②不同材料的构筑方式。材料的变化，作为修辞手法复合到规划设计所构筑的语言体系中去，使方言的表述更为生动与具体。

脊饰(鸱吻)的种类也很多，统一的特征是起翘很高，但是细部的做法各有不同。另外，屋脊中央处的装饰构件也有不同种类：有招财进宝纹，兰花纹等。

此外，沿街商业建筑的有双层批檐、斜撑也有不同种类。

第三章　设计开始

张钦楠先生在《建筑设计方法学》中论述：设计也可以被认为是一个问题(problem)，而设计的过程就是一个的问题解决的过程(problem-solving process)。我们日常生活中的问题也同样可以被分类：明确的(well-defined)，不甚明确的(ill-defined)，狡猾的(wicked)。建筑设计就是属于第三种。

设计总是要解决几个核心的问题。在这个地段的设计中，我们把问题定在历史地段城市设计方法的探索和实践——在凤凰的大背景下，探索有区域特色的城市设计方法。

一、肌理的修复——总体形态演绎

定义

我们把肌理简单地理解为地段内部的建筑群的尺度、空间关系等。

过程

肌理的修复如同医生进行一次诊断：望、闻、问、切。对应的方法是观察、访谈、总结、推广。首先是从观察周边建筑的大小尺度和空间构成关系开始，从总体上看，凤凰不同地段的建筑肌理受到了不同山水关系的限制，建筑又分别作出了回应；然后再对基地周边地段建筑肌理的变化情况进行观察和分析，总结对建筑群肌理变化的影响因素，并且依此推断新建地段内部肌理的状况。

核心问题

这个过程容易理解，很多前人也进行过相关的研究探索。但是，最终的设计还是要回到一个形式问题的层面：**在一个集中建设的过程里，如何通过“现代”的设计方式来重新塑造一个具有历史感的场所。**

问题 1——技术与材料

通常那些我们认为真正“古色古香”的街道或者建筑群是在没有经过整体规划(一般情况)的前提下(自下而上的规划)，由居民自发的建设过程经过相当长一段时间累积而成的。建造的流程又是由另外一群工匠来掌控。工匠们熟悉地方的材料和工艺，熟悉各种材料之间的偶然或必然的组合方式,他们从自己的师傅那里继承这些手艺并传下去，他们的一些建造法则（有时候是口诀）凝聚了他们的前人多年的心血，他们自己也参与总结和创造。大多数情况下，他们也懂部分风水的内容。可以这么认为，工匠群体在很大的程度上曾经控制着民居建筑（乡土建筑）的发展走向，他们在遵循游戏规则的前提下非常谨慎地创造,这也保证了某一个地区的建筑在几百年内不会发生根本性的变化。

深入的研究可以发现:一个地区内某种工匠之间形成的复杂的社会空间网络和他们生活工作的物质空间网络相对应。举个例子，一个师傅的口诀可以通过他和他的徒弟们的工作，影响他们所工作的某个区域，这个区域内几乎所有他们参与建设的房屋都有这个口诀的印记；另外一个师傅也有自己的“地盘”。很明显每个群体的“地盘”和现有的行政区划之间并不完全对应,而群体与群体之间的竞争也会导致群体自身的衰败、更新以及技艺的创新。

百年来的很多变化使得工匠们在建造过程中所起的关键作用正在逐步的被取代。建筑师和规划师接替了他们的部分工作，先进的施工机械接手了部分繁重的体力劳动，但是他们掌握的传统工艺并没有被完全的继承下来，尤其在现代化的大都市。因为建筑材料和建设过程都革命性的变化了。使用者也和以前不一样。肯定不可能，也不需要对混凝土的梁柱“雕梁画栋”了。

对策 1——本地化

非常幸运，我们在这一点上和业主取得了一致。项目还没有开始的时候业主就明确的提出要网罗本地最有经验的各个工种的 “师傅”们参与建设，所有的做法都要遵循“古制”，充分发挥他们的才能，尽可能的让他们挑选最能体现自己“才华”的材料甚至是地段。规划设计仅仅是提供一个他们展示的平台。

问题 2——公共建筑

回到设计的时候首先遇到的问题就是:现状的建筑哪些应该得到保留？哪些应该在原来的基础上扩建？如何把场地中间的一些零星的历史痕迹找到,并且有机的组合起来?

在对历史地段的城市设计过程中,如何确定哪些建筑应该保留有很多国内外的不同参考标准。美国、英国、日本都有自己比较成熟的标准。

我们确定保留建筑时采取的是建筑学和历史保护的视野。由于场地中间总共只有几十栋房子，我们并没有建立一个非常明确的评价指标体系。但是筛选的过程却是几经推敲的。第一个被确定的是文庙大成殿，它是文物建筑。第二个被确定的是教堂。它是凤凰西洋文化存在并传播的见证。第三个被确定的是县政府办公楼，确定这个建筑一直充满争议。县政府的二层小楼是30年前建成的，风貌和质量状况较好，细部的做法简洁大方，“L”形的格局比较特别，与之相配的院子的绿化情况很好，最终让大家觉得应该保留的原因却是因为其他几座已经确定的建筑：大成殿修建于明，缮于清。教堂修建于民国之初，在加上地段内要恢复的明朝兵备道，很小的地段内浓缩的历史跨度这么大，亦中亦洋，亦古亦今的数座建筑，这些建筑足以简述凤凰的历史：兵备道见证苗汉之争，教堂代表西洋文化，大成殿是儒教正宗，县政府代表人民政权的建立。这不能说不是巧合！这也是本次设计中所有设计人员都为之激动的一点。

通过适当的保留某些建筑物，一个本来平凡的设计课题变得如此富有历史意义。

以此为基点，我们可以联想出很多可能的观赏路线、依据这些路线，可以方便的划分基地内部的街区以及定位它们的功能，甚至完全有理由在某处新建一个当代的建筑，把这个时间跨度拉得更长。

新的问题随之产生：对于不同的历史建筑，保护措施肯定不一样，如何结合实际情况进行新的设计？现场观察有几点引起了我们的注意：县政府门前的院子怎么处理？教堂边约5米的高差怎么处理？为什么大成殿的朝向这么奇怪：不是正南正北，和沱江也没有直接的关联，是什么原因促使大成殿以一个偏转的角度出现呢？

与此同时，我们和甲方的交流也逐步达成了共识，地段内部的建设定位是以旅游者为中心的一个包含居住、商业、娱乐为一体的综合体。设计不需要进行到深入的程度，但是一定要对建筑实体、公共空间进行较为详细的规划，对具体地段的建设要有非常明确的概念。可以看出，甲方对于这个地段非常之谨慎。

既然已经提出公共空间规划的概念，那么我们就应该对地段内可能会出现的各种活动有充分的预见，并且为这些活动提供场所。对现状的一些合理的空间结构进行保留。来凤凰的旅游者目前主要的活动有哪些、凤凰目前缺少什么活动空间、旅游者需要什么样的活动空间等都成了我们考虑的问题。

对策2——历史轴线

引发我们对轴线问题思考的原因有些偶然。我们在对大成殿进行测绘的时候，突然想起：这个偏转的中轴线的尽端会不会有什么重要的东西呢？现存的大成殿周围的建筑物已经较高了，地形图帮助我们解开了疑惑：轴线的尽端是沱江以北的两座山峰。可以用风水理论中的朝山、案山来解释这个现象，也就是大成殿遵从了堪舆定位的结果。相关的文献资料已经无从考证了，但很明显，先人在建设之初已经把山水体系纳入建筑定位的宏观考虑之中。而且，这个细微的历史线索在今天的建设中间不仅不能被遗忘，而且应该被重新加强。

在设计中，我们拟以大成殿为核心恢复建设整个文庙。幸亏形制还有图像记载，画家黄永玉先生也有关于大成殿的回忆的画作，后续的工作应该不难开展。文庙的正门口肯定要预留一定的场地，可以举办各种活动，刚好可以利用现状——县一中的操场。操场周边的一些树木也随之得到保存，其中一棵传说是沈从文先生所植。

设计中常常遇到若干问题一时都难以解决，但是如果将这些问题捆绑在一起加以处理的话，就会由复杂变得简单。教堂下的高差和县政府楼前的院落就是这类问题。高差地段和县政府楼前的院落紧邻，接近5米的现存高差是用毛石挡土墙切断的。一个自然的想法就是：如果把高差做成台阶状，可以坐人，县政府楼前的花园也变成观众席，对县政府的二层精美小楼进行适当地改造，做成酒吧（或者其他功能），那么，只要中间预留一块表演的场地，就可以很自然的形成一个结合地形、结合旧建筑保护利用、结合地方文化表演的场所。这个场所中，高大的教堂可以作为背景，雨天的时候改造过的县政府小楼可以庇护，可以沿高差席地而坐，可以在院子里开派对。这个场所里，不同高度的“人看人”的视线关系成为特点，距离舞台中心所有的位置都控制在24米以内——游客可以清楚地看见表演者的面孔。许多地方特色的“非物质文化”就可以在这里面向旅游者（摊戏、苗族传说等）。围绕这个理念，我们完全可以在县政府办公楼的改造、院落公共空间的设计、地形高差的处理、甚至表演的灯光设计上面综合全面地考虑。后续的设计在一定程度上做到了这些。

问题3——组群尺度

在场所中起着控制作用的公共建筑和它们之间的关系被确定之后，地块内剩余的空间就是留给其他建设的了。我们必须把这些地块分割成合适的尺度，分割这些地块时要考虑的主要因素有四点：①延续周边建筑的肌理；②尊重、加强（至少不损害）场地内公共建筑的轴线关系；③考虑必要的绿化，消防等技术规范要求；④地块的大小有利于开发建设。

对策3——山水为证

通过山水关系、周边建筑关系来推断。

首先还是从周边的肌理开始。整个凤凰的建筑肌理都受到了山、水（沱江）的影响（本文主要讨论沱江以西）。地段以北有如下的规律：沿江的建筑肌理受到山体和沱江的相互作用，建筑组群基本保持向垂直沱江的方向发展，靠近山脚的时候以零碎的体量结束，每个街巷都接近垂直城墙和沱江（城墙和沱江平行），每个街巷几乎都能看到江对面的喜鹊坡。产生这种肌理是有其原因的：城墙下是主要的交通道路，对于居民而言，垂直城墙和沱江的道路是最方便的回家之路。每两条道路之间的距离基本都是两家进深的总和，我们猜想在以前可能就是一家有三到四进的院落群的尺度。接近山脚下的时候，必然要迁就地形，分散建设，减少开挖。

地段以西已经接近山体，建筑群的走向和山的走势是相吻合的，从笔架山到西门坡之间的现状建筑物的走势和登高线是平行的，从熊希龄故居到朝阳宫一线一道自然的弧线（是现状的道路，也是主要的旅游路线）标识着从以水为主要影响因素的建筑肌理；向以山为主要限制因素的建筑肌理之间的过渡过程。可以得出结论：地段新建的建筑应当很自然的延续这种关系。

我们同时还分析了凤凰县城内的一些其他的建筑肌理的状况以及影响他们的主要因素，总的结论有两点：江边的主要交通流线都是和江平行的，这些流线的支线都是和他们垂直的；在靠近山的时候，这些道路会自然的转成和等高线平行。这些都是建设适应地形的手段。但是从现状来看，有相当大部分的建设已经不再遵循这种历史的肌理。凤凰城内开始逐渐出现一些体量较大，风格“现代”的建筑。保存较好的历史区域和 20 世纪 80 年代建设的区域形成了鲜明的对比，这种情况令人堪忧。

问题 4——利益最大

大小适宜的地段，合理的公共建筑控制，积极参与的工匠还是不能够全面的回答上文提出的核心问题。因为这次的建设过程肯定不会很长，而且业主也只有一个。我们开始寻找另外一个原因，也就是民居研究者经常问的问题：为什么民居中的巷道空间这么有魅力？设计为什么很难“还原”这些看似随机却又充满变化和活力的街巷空间？

如果仅从空间形态上来考虑这个问题，我们认为：问题的解肯定不是唯一的，即是一个集合。这些解之间的关系也许还互为因果，十分复杂。直觉告诉我们：也许是切入的角度出了问题！

上文也提到，我们一直是在用一个所谓现代的、西方的城市设计的方法理解问题，用基于格式塔心理学的图底关系的分析方法去看街道和建筑之间的关系。这么去理解现代城市空间是十分必要的，通过这种方法分析和设计取得的结果，室外空间和室内空间获得了一个对等的地位：建筑实体的空间是完整的，他所围合或被围合的空间也是相对完整的。我们有时候甚至有意无意的去为这些空间完形。也有时候，城市设计中对于空间的重视让建筑实体空间处于被忽略的地位。

这在历史地段的城市设计中是不是也存在呢？图底分析的观念是不是也适用呢？

我们在当地的考察认为，民居街巷空间的随机与不完整性是这些空间丰富多变的基础，这些空间中发生的事件使得它们生动。街巷空间的随机性和不完整性产生的原因主要是各个民居单体追求自身的利益最大化造成的，而街道空间只是居住空间占据之后的剩余。街道空间和民居内部居住空间是互补的，但是却不像现代城市设计思想所想象的那样是对等的。

可以想象，一条街道上的居民由于各种原因，他们对于自己的住所的要求是不完全一样的，每个家庭由不同的人口组成，有不完全相同的经济来源、社会地位、生活方式、教育程度。不同的生活对自己的住所有不同的要求。这种不同的要求肯定会在他们建造家园的过程中体现出来。不能否认，在一个相对完整的地域内部，建筑建造逻辑结构基本相似：材料和材料的建构方式，室内外空间组织关系，围护结构的传递关系等。但是，居民对于这些基本相似的结构根据自己不同的要求进行的灵活机动的定制（custom），是民居建筑多样性产生的原因之一。生活的原因是一个方面，有时候是地形的、气候的原因。我们试图通过调查找到所有这些原因，但是结果却令人沮丧。我们发现有太多的随机因素：主人喜欢电影里面某个镜头表现的某一座外国的房子，他想把自己的家建设成那样。而邻居则很欣赏他家的窗户，就在自家建设的时候模仿了，但是邻居的经济状况不好，他就少盖了一层，邻居的邻居又有自己的意见……这些错综复杂的原因以及他们之间“不可思议”的逻辑关系造成了民居建筑整体有序却又多样化的外表。

在一个没有现代规划的年代，居民的甲方只有他自己。他只要保留巷道足够的交通面积，不破坏巷道里公共的排水设施，他只要他的房子在风水上不和别人发生矛盾，不破坏长幼有序的伦理，他对街道空间得具体形态是不需要理会的。

街道空间在这里是消极的，至少是消极的产生的。（这和图底分析的城市设计分析方法是矛盾的）。至此，我们可以得出结论：对于街道空间多样性的追求可以简化为对分割这些街道的建筑群体多样性的还原。

对策 4——简单还原

既然这样，那么我们用什么方法来还原这些多变却又充满活力的空间呢？可以认为：我们在保证街道空间尺度的基础上，对围合街道的建筑实体进行多样化的设计，街道的空间肌理可以得到恢复。（关于建筑细部的论述见下文）

那么，又如何用一次规划的方式来再现有多个动因的自发建设过程呢？在这一点上我们进行了发散式的思维（brainstorm）。有几点大家熟知，特别有启发意义的收获。

一是分形几何(Fractal Geometry）。通常我们接触到的几何学都是欧几里德几何学，它研究的是基本形体。但是，对于纷繁芜杂的大自然，欧几里德几何无能为力。于是，分形几何应运而生。分形几何就是研究无限复杂但具有一定意义下的自相似图形和结构的几何学。虽然不能证明建筑系统具有分形几何的属性，但是就目前而言，分形几何中间的几个结论值得参考：Mandelbrot 集合告诉我们，自然界中简单的行为可以导致复杂的结果。Mandelbrot 集合是 Mandelbrot 在复平面中对简单的式子进行叠代产生的图形。

1996 年，卡尔·巴维尔在其研究著作《Fractal Geometry in Architecture and Design》一书中指出，分形几何在建筑学中可以从以下两个方面得到应用。

一是建筑评价：借助分形的原理，人们可以对建筑进行量化的评判，利用分维数这个衡量分形复杂程度的指标考察建筑的跨尺度细部级数。建筑设计：借助分形的原理，作为设计的依据和手段，生成复杂的韵律，使建筑与周围环境取得协调，更加贴近自然和人性。

二是基因序列的研究。2001 年 5 月 Science 2001 May 18; 292: 1315-1316 中提到，基因网络的复杂性测度中，使用基因数目以及基因的相互作用连接作用数目，作为表达生物复杂性的测度。包括：一个基因对其他所有基因的作用数；其他基因对某个基因的所有作用数。最近的研究发现，基因的最基本的构成元素远比以前想象的少得多。简单的构成元素通过不同的组合关系完全可以构成大自然复杂的形态。

诚然，关于基因的研究还没有找出所有的构成元素，分形几何也不足以描绘整个自然。但是基于这些认识，我们可以推测那些我们认为复杂的事物，一定会有及其简单的一面。要么它们的构成元素很简单，但是元素与元素之间的组合法则很复杂；要么构成的元素很多，但是组合的法则很简单。对于建筑设计而言，我们不妨认为，通过一些简单有序的构成要素，在遵循适当组合规律的情况下，可以重现自然多样化的形态。也就是说，那些复杂多变的民居建筑的实体，可以尝试用很少的构成元素通过“复杂”的组合过程来还原那种“无序却有机”的形态。

于是，我们开始在凤凰寻找这些构成元素和它们之间的构成法则。

二、语言的学习——个体形态演绎

要是湘西土话别人完全听得懂的话，我写起东西来简直像长了翅膀[①]

创作要先形成方法体系和步骤体系[②]

这些构成元素就是建筑师的设计语言。构成法则就是语言的语法。

在新地段内的建设所采用的建筑语言，我们理解成是一个外地人学习湘西方言的过程，首先是学习一些关键的单词，由这些最基本的语汇构成词，再由词汇构成语句，语句构成段落，段落组成篇章。调研中我们总结的各种本地语汇的特点再次在我们的脑海浮现（开始绘制草图的时候我们还是发现我们对于街道两侧的基本民居的尺度缺乏足够的认识，补充调研的收获很大）。

我们把这些基本尺度归纳成由开间进深不一的单元体。它们之间可以自由的拼接。这些基本单元的尺寸就逐渐形成了。（见下表和示意图）

	面阔（m）	进深（m）	面积（m²）
壹	3.9	6.3	50
贰	3.9	6.9	54
叁	4.8	5.4	52
肆	5.4	6.3	68
伍	5.4	6.9	75
陆	6.3	6.9	87
柒	6.3	8.4	106

从 3.9 米到 8.4 米之间共有六组基本尺度，通过这六种基本尺度进行组合，我们选择了七种基本单元。选择的标准是：①面阔小于进深；②基本单元所构成的面积在 50～100 m² 左右。第一个标准的原因是我们调研发现的凤凰沿街商业门面的特点：单间狭窄，进深很大。如果多间合并，面阔也可以组合到很大；第二的标准的原因是：考虑到开发销售的原因。小于 50 m² 的时候门面有些不经济。但是大于 100 m² 后可能会超出本地部分居民的购买能力。数个单元之间的组合同样可以保证有些较大营业面积的门面。

---

① 黄永玉．《永玉六记》．南京：江苏人民出版社

② 黄永玉．《永玉六记》．南京：江苏人民出版社

对细部语言的分类调查刚好让我们可以更加自由的润色这些基本单元。每个基本单元都可以自由的和马头墙、批檐、老虎窗、吊脚等组合。这时候，工作的自由度开始指数级的增长。在对具体的地块开始布置（deploy）之前，我们开始检验这种方法的可能性。

很快就有第一个收获：我们可以很简单的用几个数字或字母来描述每个单元的风格特征、大小和其他单元之间的组合关系等。这点很有启发意义，试想，如果我们简明的标识每个单元的几个最基本的特征，控制好单元和单元之间的组合关系的话，建设的过程又开始变得非常自由，就很接近以前的民居自发建设。

通常的建设过程是集中建设，设计者无法在短时间内让设计直接面对它的使用者。事实上，完全可以通过营销策略让业主在设计的过程中就开始参与，而那些甲方筛选的“师傅”们（如上文所述）也可以在这些基本单元的基础上开始他们的工作。通过选择一个地块的实验，设计人员可以把一些关键的细部画成图纸，更多的工人就可以参与进来，凤凰县城别处的建设也可以参考。这样的建设过程是和一般的建设不一样的：按在建设项目中，开发商—建筑师—施工单位—业主这种时间顺序进场的模式得到了改变。建筑师可以直接接触业主，面对面的调整设计。业主也可以接触施工单位提自己的要求，施工单位也获得了技艺上创作提升的空间。

以上的模式有些过于理想。20 世纪前半叶，现代建筑和传统建筑的决裂有一个明显的表现就是设计师和使用者不再面对面，有人认为这就是造成现代建筑表情缺乏的原因之一。今天，通过建筑师和施工者的努力，我们可以重新让居民自己的要求在他们生活的空间中间表达出来，这样就保证了建筑实体的多样性存在的基础。在历史地段的城市设计中，这种回归可能比仅仅恢复几片马头墙的效果好。

第二个收获是方法不能够代替方案。虽然单元组合的方法可以比较方便快捷的形成初步方案，但是不等于方案的形成过程就是一蹴而就的，也不能证明方案的唯一性。对于各个不同的地段，根据不同的功能进行改变，有时候要为了地段选择单元，有时候可能要根据单元组合调整地段。就像所有方案产生的过程一样：讨论、汇报、修改反复进行。方法只是工作程序，设定方法只是设定了工作程序，没有什么能够代替创作的过程。

三、环境的交谈——功能形态演绎

如何融合

与环境的交谈，是从新建成的建筑群和整体周围环境之间关系的角度来考虑。

如同一个新学会方言的人尝试同周围的邻居朋友进行交流的过程。只有建立在平等，而且是有建设性的对话的基础上交流，才能保证新建建筑能够很好的融入环境。可以把不同地段内的建筑假设成一个社会网络关系中的人，现在拆去现有的一些建筑，就意味着现有社会组织关系的一次重组，新来的一位（或者是几位）要能够在原有的、多年形成的社会关系中重新定位（reorient）自己。

首先是功能

需要拆除的原有建筑的功能肯定是要缺失的，那些不需要拆除的建筑的功能也有可能会重新改变。因此就必须保证这部分缺失的功能够全部（至少是部分）得到弥补，或者是考虑在其他的地方进行城市功能的替换。因为如果新建建筑造成周围居民的生活不便（甚至是有可能对周围环境造成恶劣影响）的话，“邻居们”在心理上肯定很难接受，而弥合这个过程肯定要经过一段很长的时间。

对应设计而言，县政府、县一中迁出了，一些住宅被拆除，有些商业价值很高的门面可能一段时间内不能营业等等都是设计之前就应该考虑的问题，如何进行合理的拆迁？如何确定保留的建筑物？如何在新建建筑群合理的安排公益性的建筑？安排何种公益性建筑？等一系列的问题首先需要在策划、规划的层面上得到解决。

只有设计外围的因素得到了整体、完善的考虑，新建的建筑才能够在一个非常平和的环境中被人们接受，它所承载的不管是旅游还是居住的功能也就会相对容易的被理解。这种新建建筑和城市其他建筑之间功能上的“非互补却互惠”的关系也是保证新建建筑能够很好的融入周围环境的前提之一。

然后才是风格

风格问题一直以来都是被强调的最多的，因为它最直观也最容易招致批评。辨证的看，风格也最容易被忘记，因为它总是处在不断的更新重叠的之中。被人们接受的可以得到保留，相反则很快就会被遗忘。客观的说，人们通常能够忍受的程度很大，一栋风格怪异的建筑可能因为住过居民爱戴的人或者给他们带来了其他方面的收益而很容易被人接受。

毕竟，房子的外表只是评价房子的一个方面。

但是在这样的一个著名的风景旅游胜地，不需要冒险进行风格的创新。

第四章　总结和展望

就具体的设计而言，本案的创新点有七：

- 在对历史地段的城市设计进行城市肌理分析的时候，充分认识到山水自然环境因素对城市肌理的影响，并且通过对周围环境的肌理分析演绎地段内部的肌理；
- 通过对古城内部的几个典型组团的尺度、空间拓扑关系的分析来合理的推断新建建筑群的合适尺度；
- 通过调研、总结归纳本地的建筑语言，以及外来语汇；
- 通过归纳的建筑语汇，探讨构成新语句的可能性；
- 对地段内进行合理的分区，以保证尺度适宜的街区；
- 重新认识地段的历史感。通过新旧对照，营造历史的延续感，在同一地段内恢复不同历史时期的建筑，表明历史是一个连续发展的过程，而非定格；
- 对公共建筑与山水之间可能的山水关系进行强化、显化，通过若干轴线控制建筑肌理的发展走向。

展望

回首整个过程，我们对于这个课题有很多的收获也有很多的不足，也是今后研究工作的方向。所有设计人员都感觉我们在进行单元组合的时候缺乏完整的对组合法则的研究和归纳，或者说只进行了一部分。对组成单元的归纳是清晰可见的，但是很多组合规则是无形的，调研和知识背景形成了一种无形的力量在设计中给予约束，要用明确的语言来表述这些约束非常困难。后续的研究将继续在历史地段的城市设计的地方性建筑语言语法这个层面进行深入。需要指出的是，语法的归纳是一个基础性工作，需要更加全面的调研和总结，需要借助其他学科的力量。语法归纳的地域性限制和历时性限制可能都将成为难点。

下篇　凤凰·印象

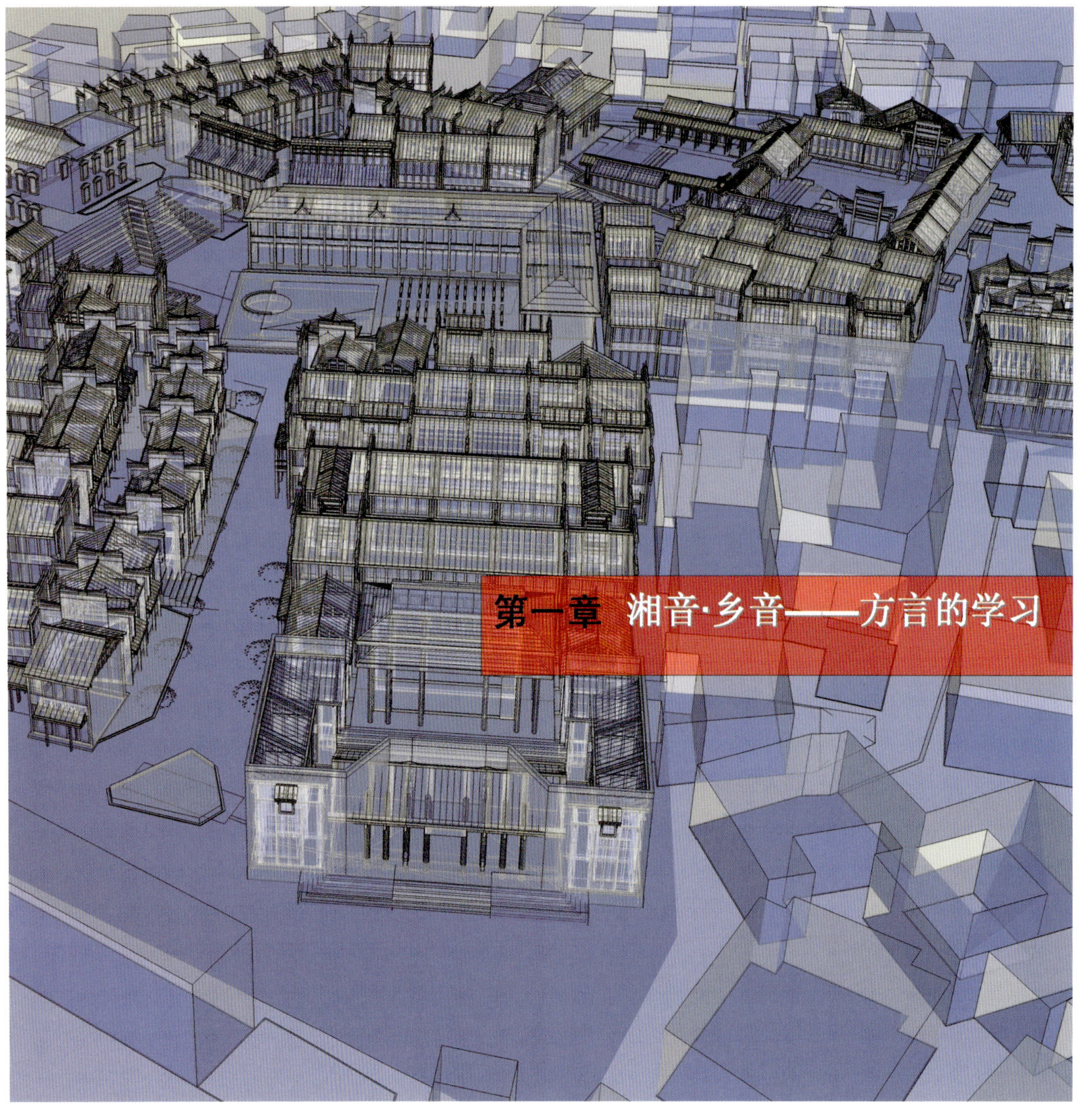

第一章 湘音·乡音——方言的学习

PART 1: 凤凰

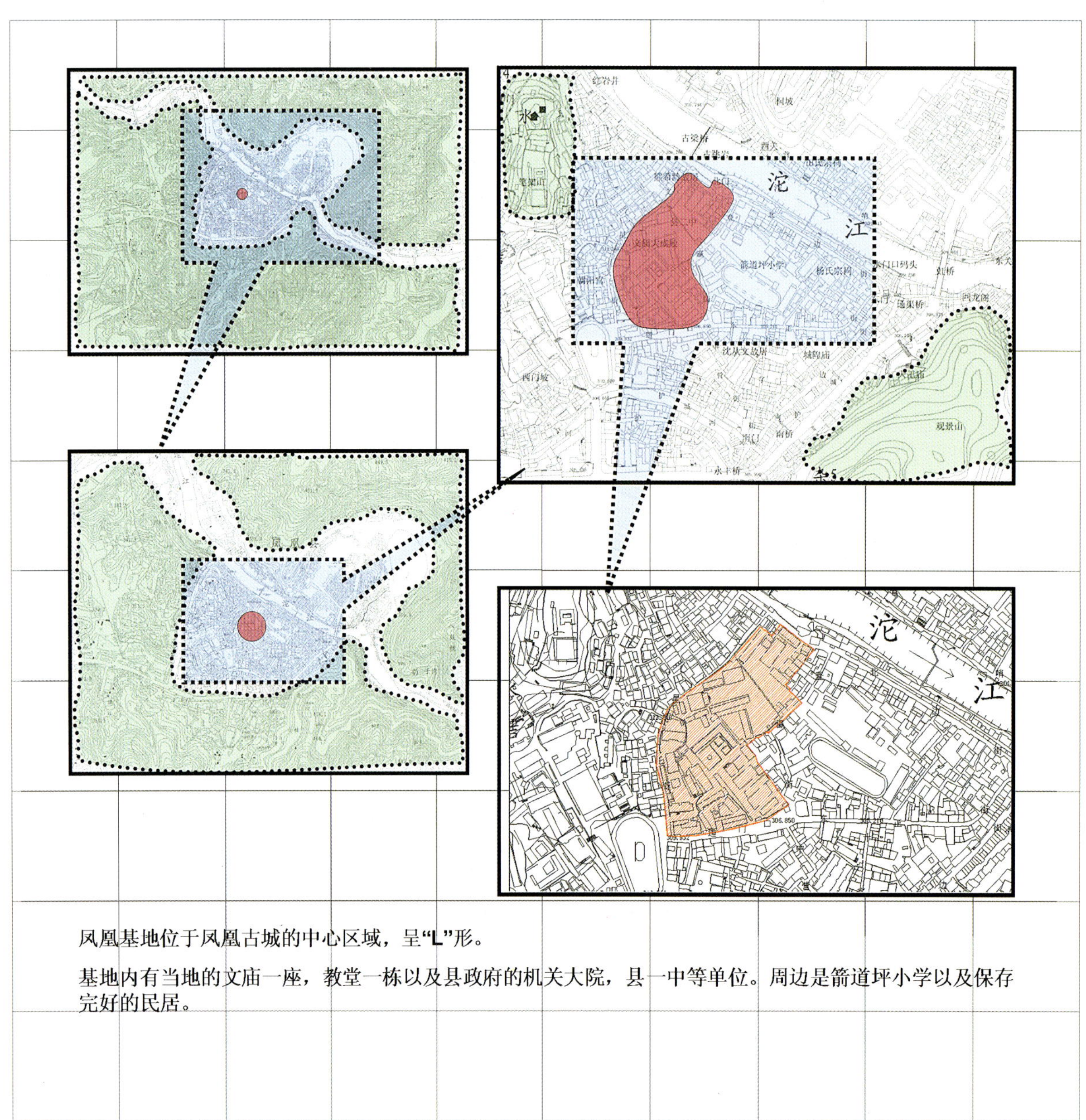

凤凰基地位于凤凰古城的中心区域，呈**“L”**形。

基地内有当地的文庙一座，教堂一栋以及县政府的机关大院，县一中等单位。周边是箭道坪小学以及保存完好的民居。

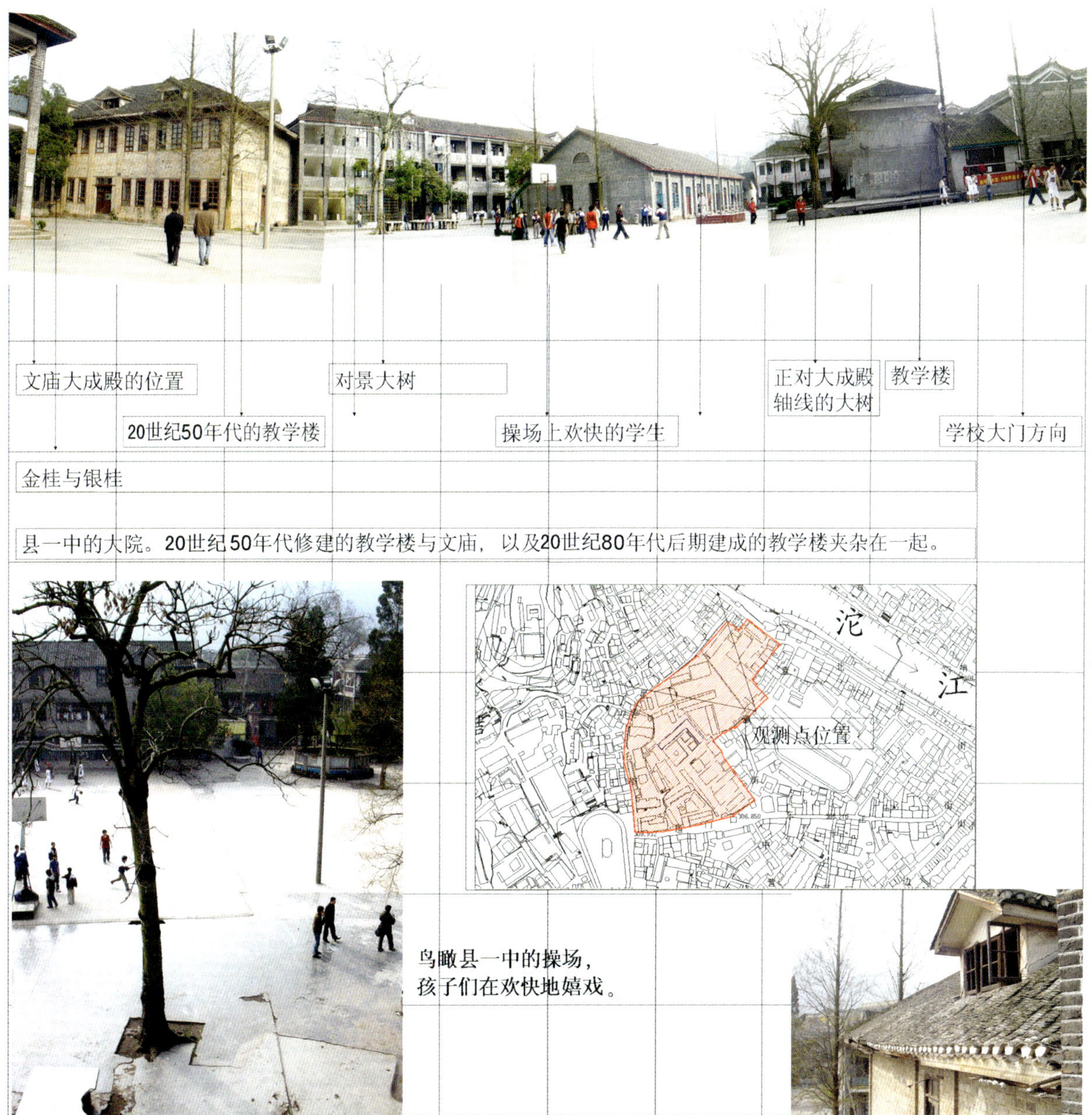

县一中的大院。20世纪50年代修建的教学楼与文庙，以及20世纪80年代后期建成的教学楼夹杂在一起。

鸟瞰县一中的操场，
孩子们在欢快地嬉戏。

紧邻基地的转角处，是当地的风味餐馆。

真正凤凰的建筑似乎从这里才开始。四坡的屋面，形态柔和。

北边的小院里，小小的建筑顶上，还有一间小小的歇山阁楼。是当地特有的建筑语汇。

现场内的居民楼，对城市肌理以及城市建设都有很大的影响。是我们改造工作的重点。

在这栋居民楼后面，还有一栋两层的青砖小楼，是县委的办公楼，颇有趣，可以适当保留。

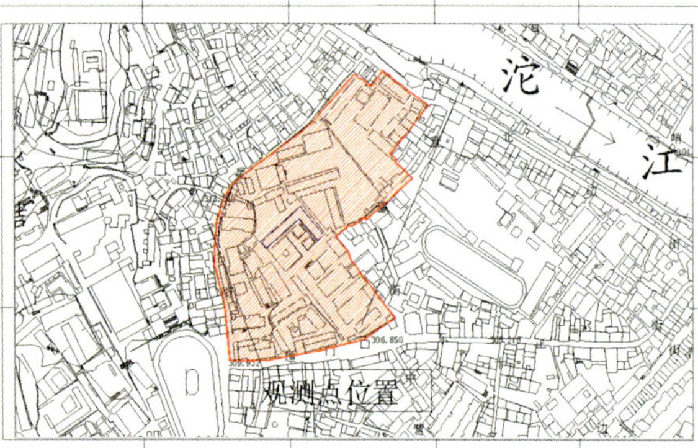

观测点位置

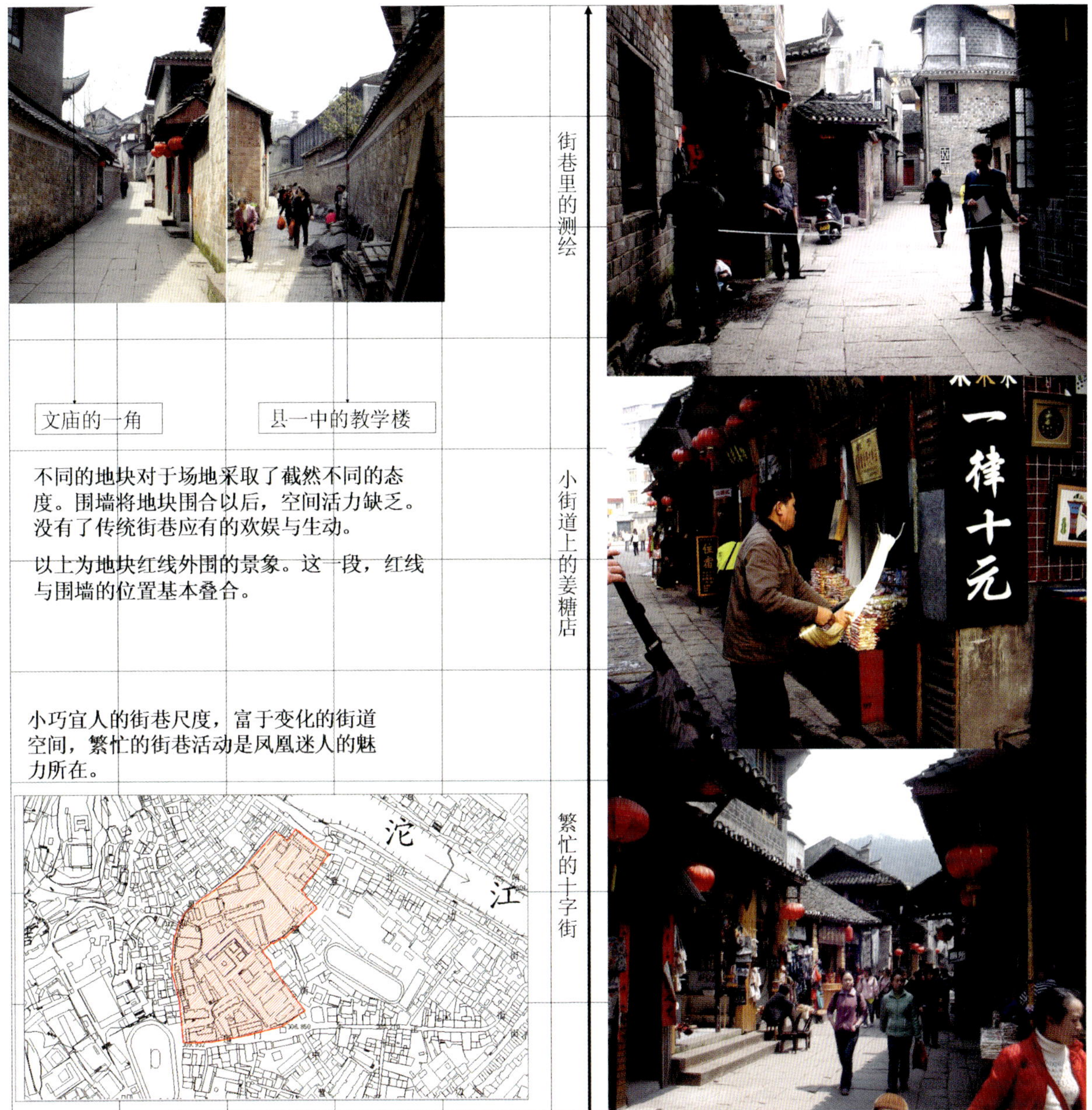

文庙的一角

县一中的教学楼

不同的地块对于场地采取了截然不同的态度。围墙将地块围合以后，空间活力缺乏。没有了传统街巷应有的欢娱与生动。

以上为地块红线外围的景象。这一段，红线与围墙的位置基本叠合。

小巧宜人的街巷尺度，富于变化的街道空间，繁忙的街巷活动是凤凰迷人的魅力所在。

街巷里的测绘

小街道上的姜糖店

繁忙的十字街

陀江，凤凰的最美

古老的江水车溅起巨大的白浪。我想起乘坐快艇时船尾飞溅而起的浪花。

同样的物象，但实质不同。一种是船进，一种是水退。

对于历史，我们究竟如何认识呢。对于建筑，我们究竟怎样寻找时空的定位呢？

沱江是凤凰的最美

沱江上的渡船

沱江上，舟楫往来，是水上的街道。

各种生动的活动都在此展开。黄昏，水面上的放灯活动会将这种欢娱延续到深夜。

为游客拍快照的老者。

沱江边的小商贩也是有特色的风景。

沱江两岸的风光，具有鲜明的地方特色。

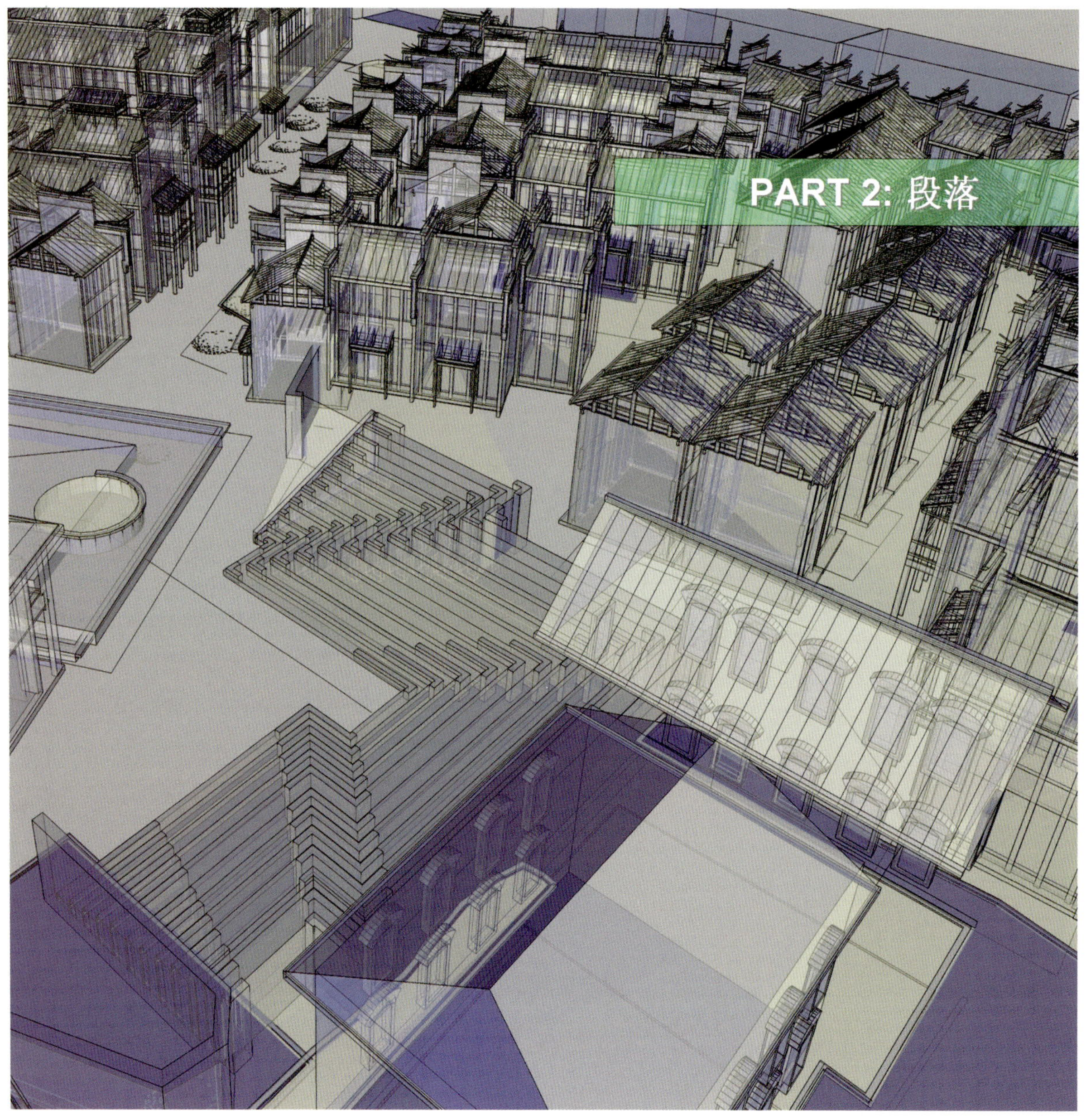
PART 2: 段落

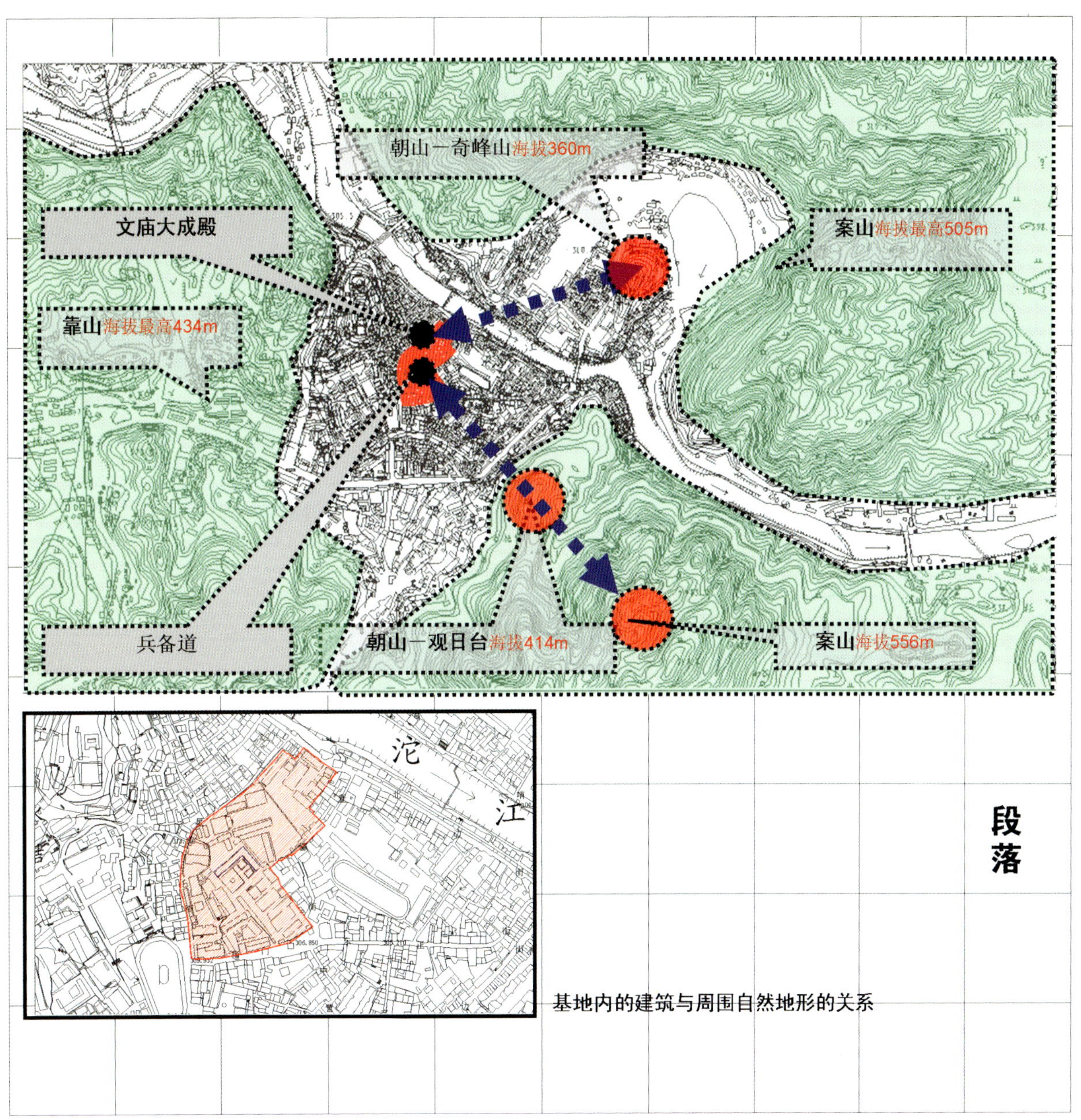

基地内的建筑与周围自然地形的关系

段落

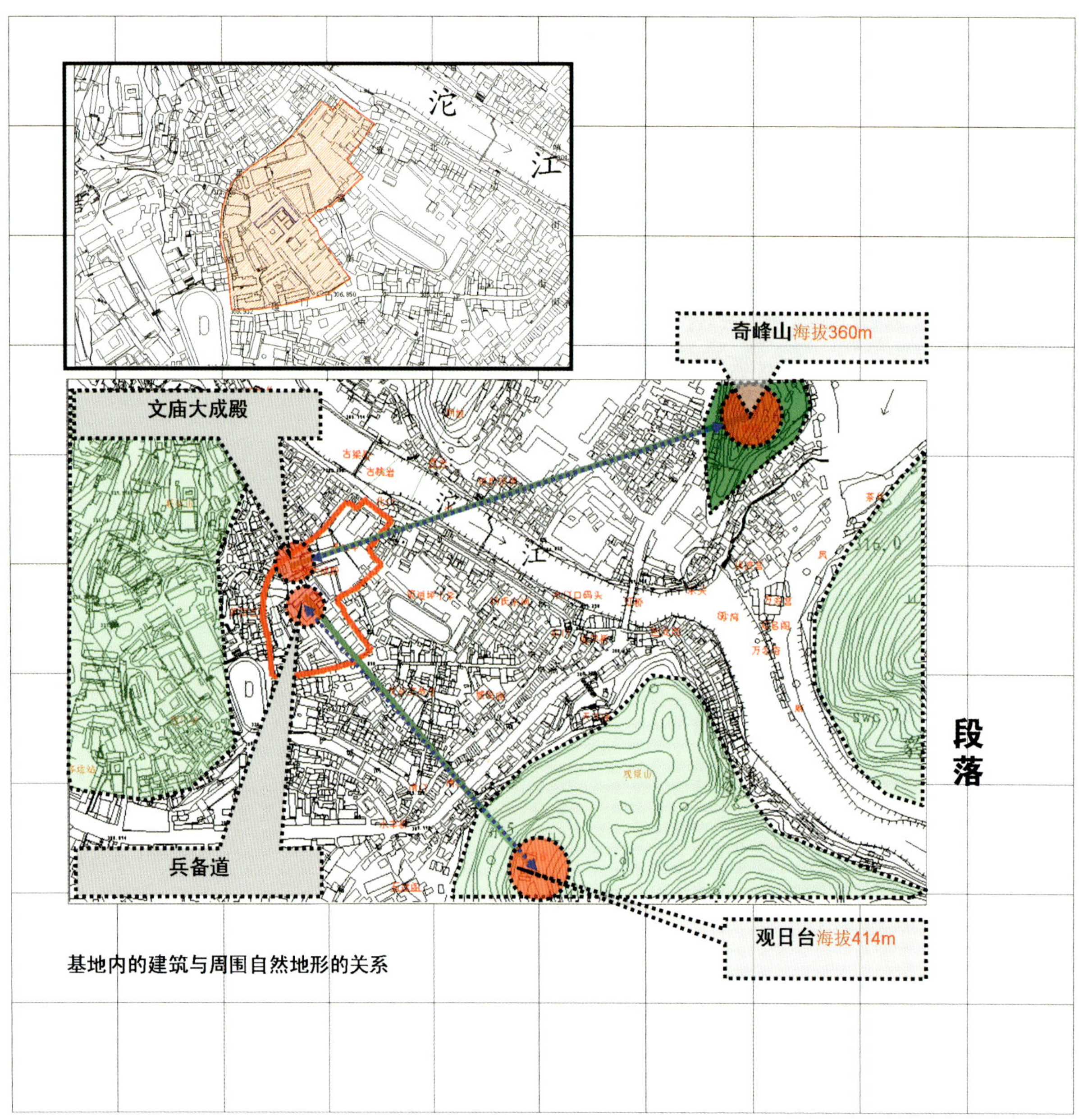

基地内的建筑与周围自然地形的关系

PART 3: 句法

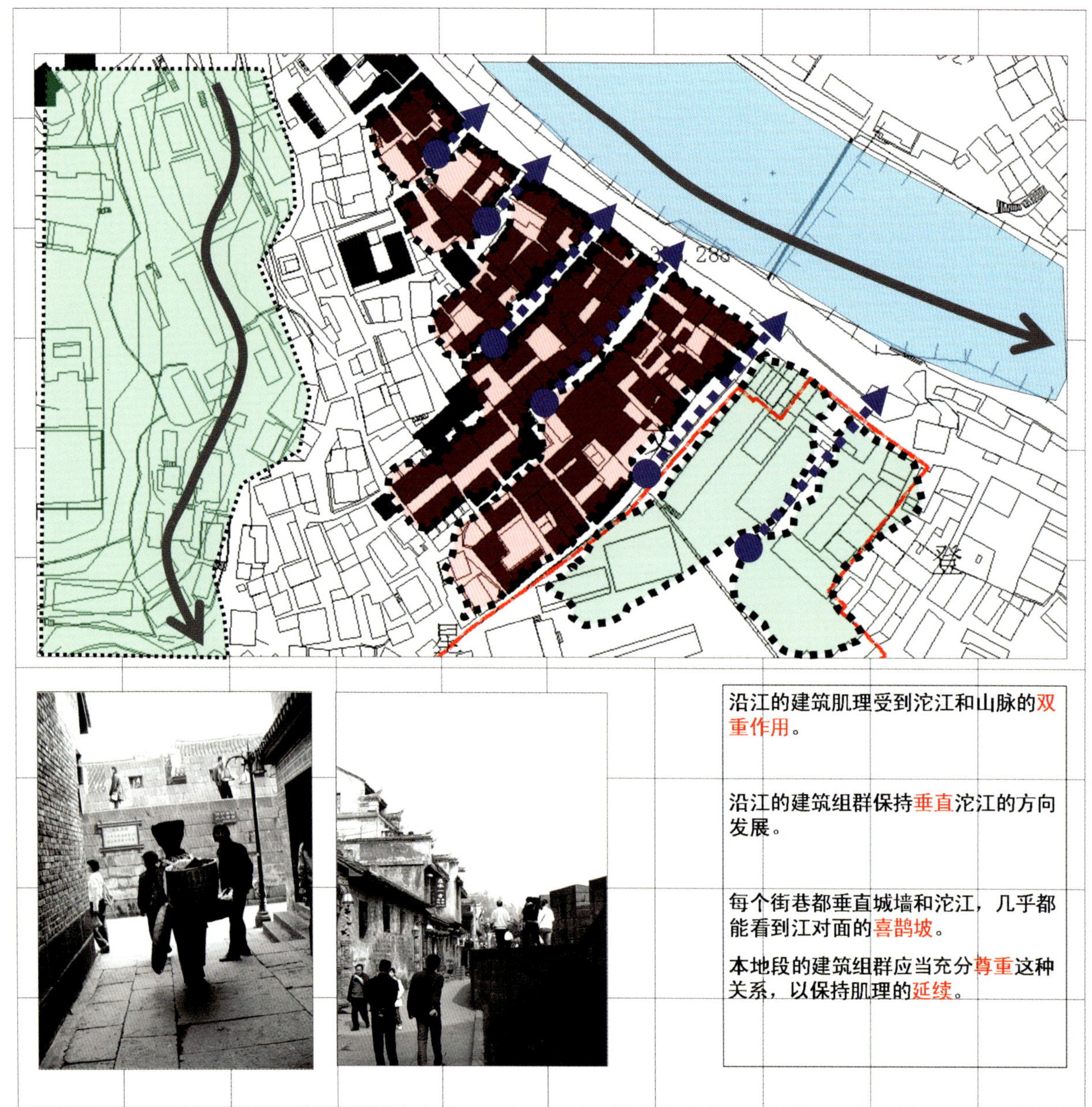

沿江的建筑肌理受到沱江和山脉的双重作用。

沿江的建筑组群保持垂直沱江的方向发展。

每个街巷都垂直城墙和沱江，几乎都能看到江对面的喜鹊坡。

本地段的建筑组群应当充分尊重这种关系，以保持肌理的延续。

沿江的建筑肌理受到沱江和山脉的双重作用。

沿江的建筑组群保持垂直沱江的方向发展，

每条街巷都平行沱江。

本地段的建筑应当对应这种关系，以保持肌理的延续。

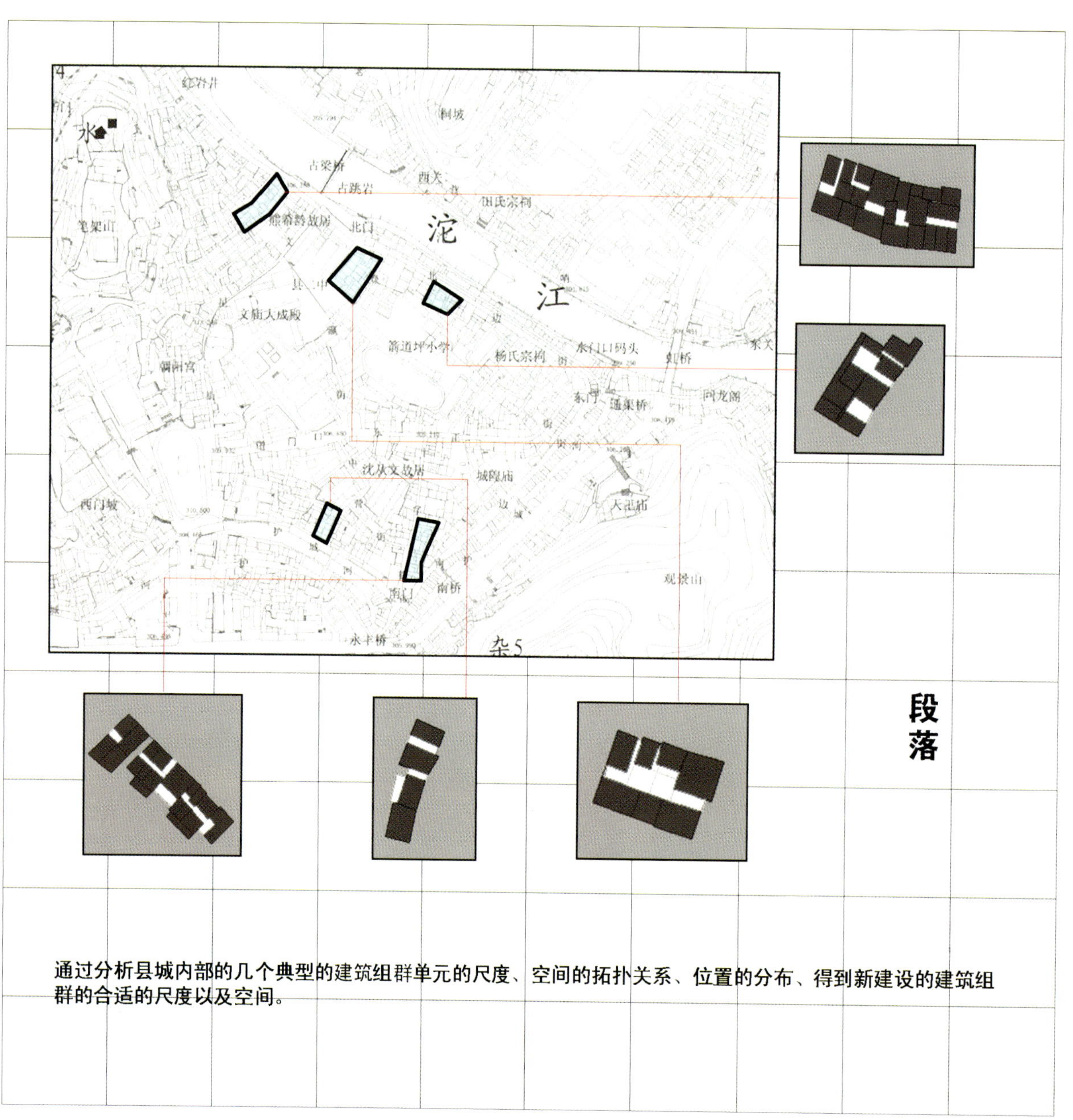

通过分析县城内部的几个典型的建筑组群单元的尺度、空间的拓扑关系、位置的分布、得到新建设的建筑组群的合适的尺度以及空间。

PART 4: 词法

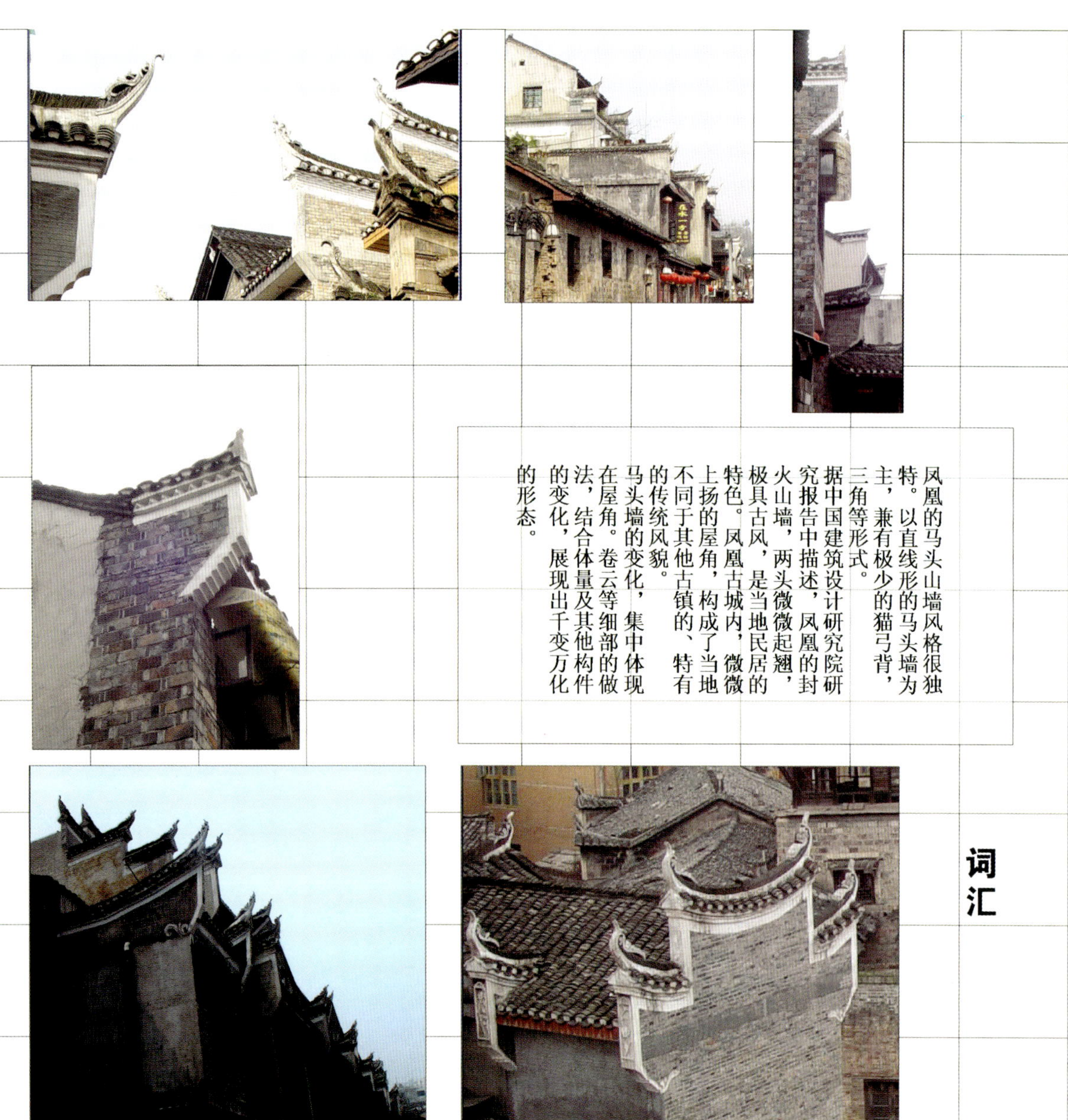

词汇

凤凰的马头山墙风格很独特。以直线形的马头墙为主，兼有极少的猫弓背，三角等形式。

据中国建筑设计研究院研究报告中描述，凤凰的封火山墙，两头微微起翘，极具古风，是当地民居的特色。凤凰古城内，微微上扬的屋角，构成了当地不同于其他古镇的、特有的传统风貌。

马头墙的变化，集中体现在屋角。卷云等细部的做法，结合体量及其他构件的变化，展现出千变万化的形态。

词汇

凤凰的墙体变化主要体现在两个方面：

1）材料的变化。石材，黏土，本地石材压制的砌块……

2）不同材料的构筑方式。

材料的变化，作为修辞手法复合到规划设计所构筑的语言体系中去，使方言的表述更为生动与具体。

词汇

凤凰的窗，有着多种形式。砌块对传统的砌上漏明形式的演义，体现了民居的灵活性，让人无法不惊叹劳动者的创造力。

窗户的大小，开启的方式，及与其他构件的关系，都将成为非常细小具体的传统表述方式。为语言的表述方式带来活力与生命。

凤凰的门有着多种形式。不同形式的门，带给人们不同的心理感受。门的造型、材料都给予凤凰的城市环境不同的语汇。在建筑单体的塑造过程中，将带给建筑丰富的语汇。

PART 5: 外来语汇

教堂，外来文化，也影响到了凤凰这样的小山城。同时带来了不同的建筑语汇，比如说拱券窗。这样的手法，经过历史的沉淀，已经与当地环境融为了一体，甚至已经成为凤凰历史中不可分割的一部分。

外來语汇

由于采用了当地的材料与工艺，教堂，传教士的住所，都和谐地与当地建筑统一起来。今天，这样的外来语汇在其他民居里得到了延续。箭道坪小学后的一所民居就用到了这样的语言，表达了凤凰——开放的边远小镇对外来文化的开放、开明的态度。

第二章 乡音·湘音——方言的表述

PART 1：词法

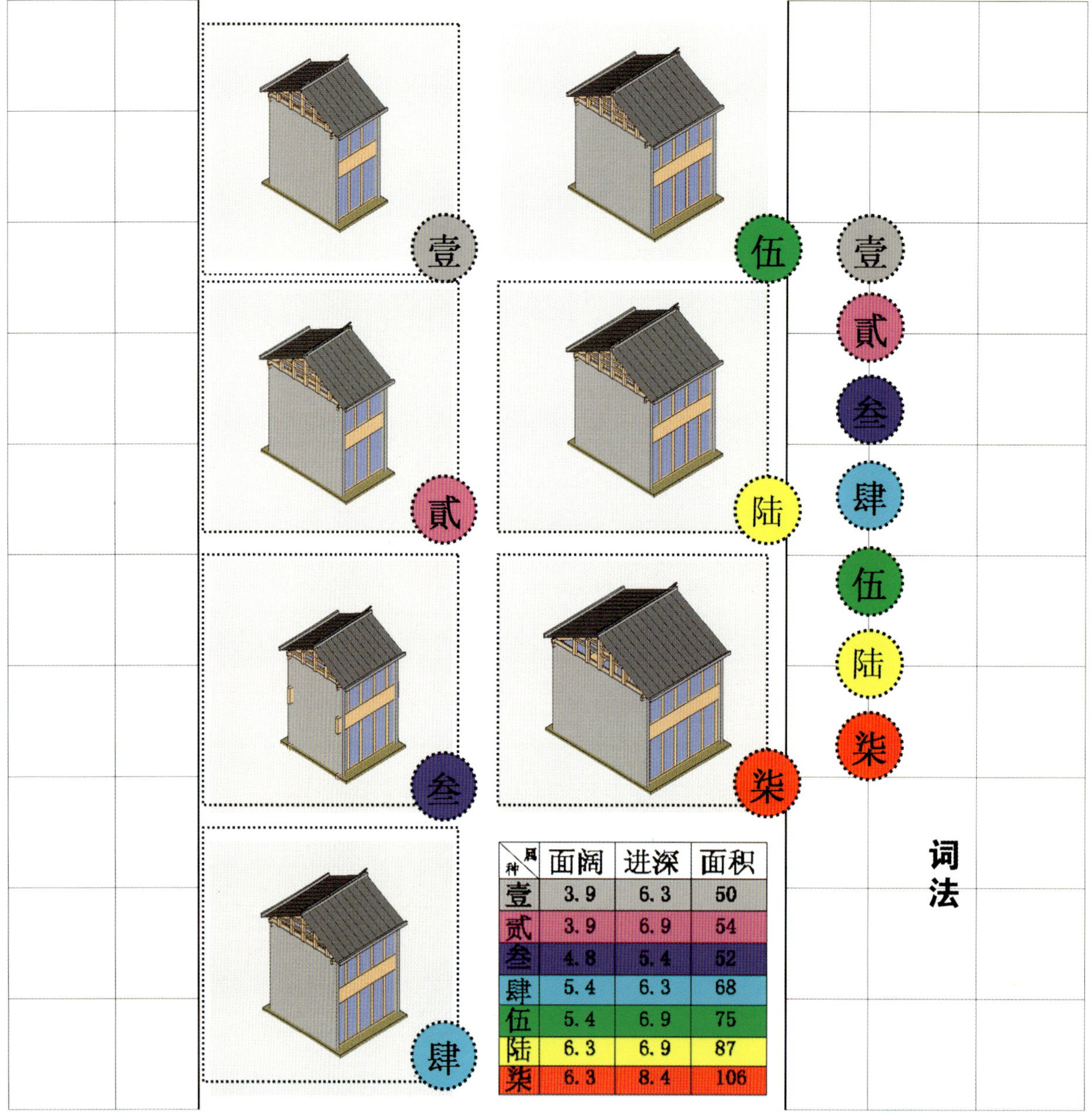

属\种	面阔	进深	面积
壹	3.9	6.3	50
贰	3.9	6.9	54
叁	4.8	5.4	52
肆	5.4	6.3	68
伍	5.4	6.9	75
陆	6.3	6.9	87
柒	6.3	8.4	106

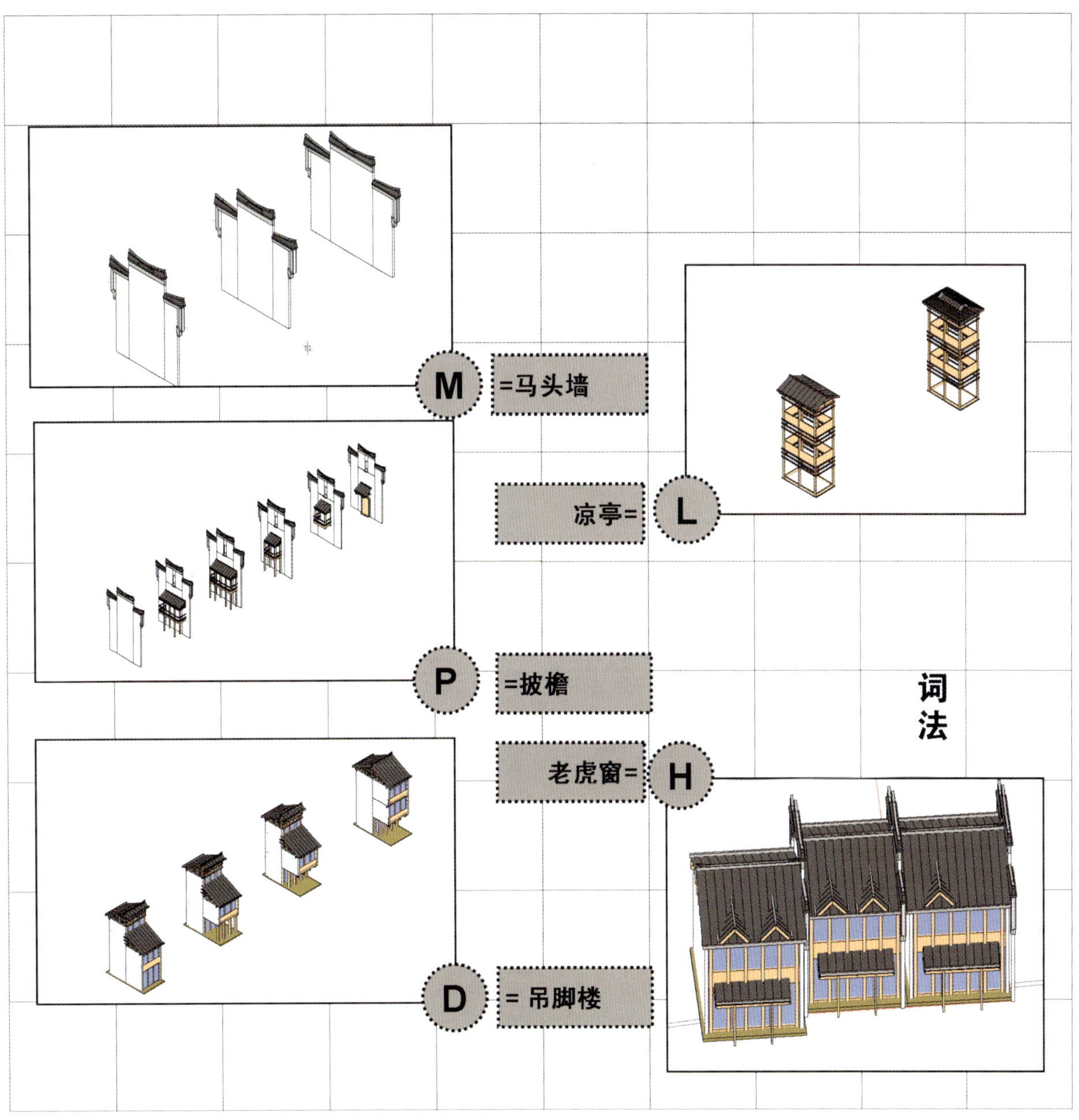
M
=马头墙
凉亭=
L
P
=披檐
词
法
老虎窗=
H
D
= 吊脚楼

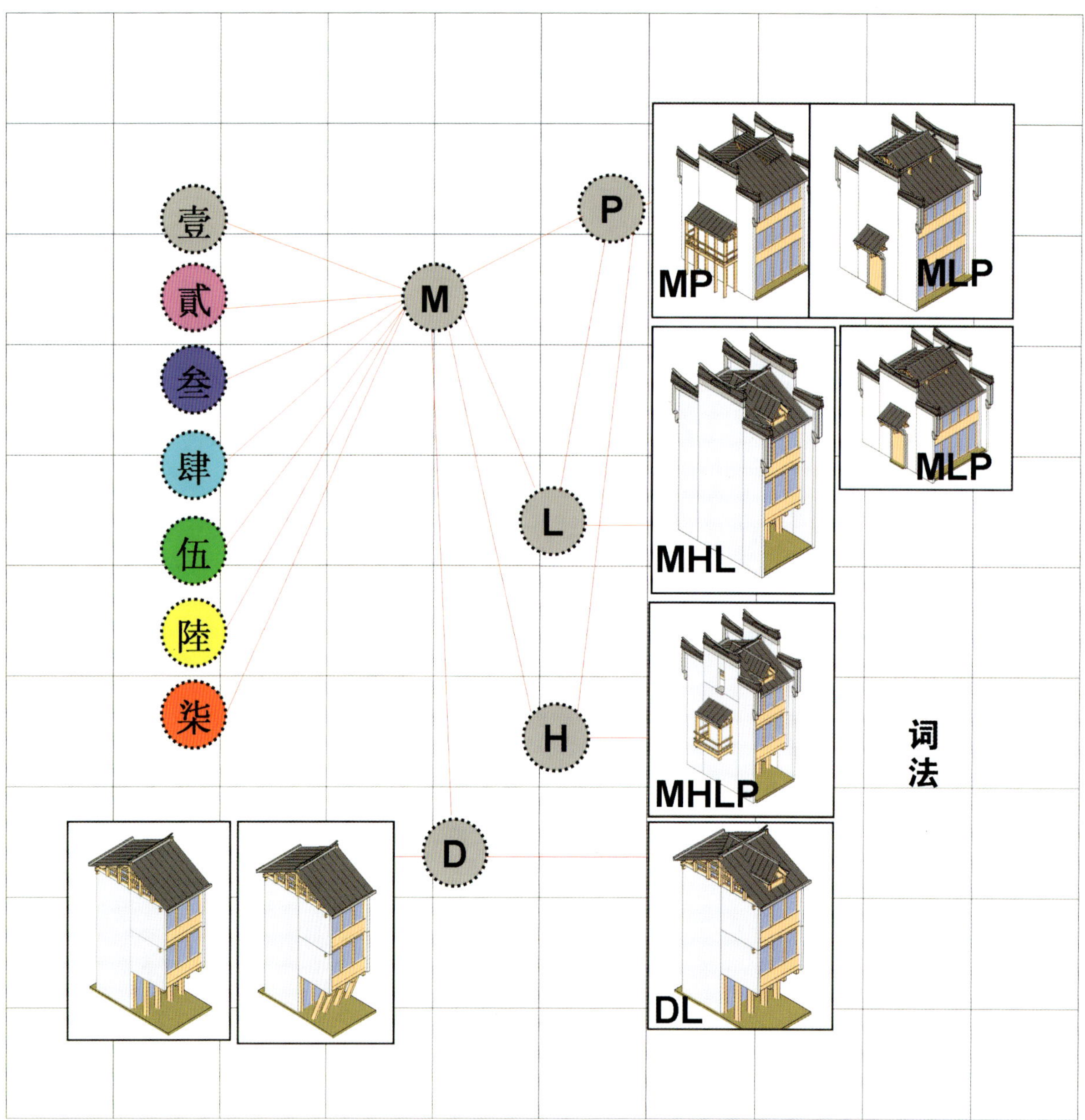

壹
贰
叁
肆
伍
陆
柒
M
P
L
H
D
MP
MLP
MHL
MLP
MHLP
DL
词
法

PART 2: 句法

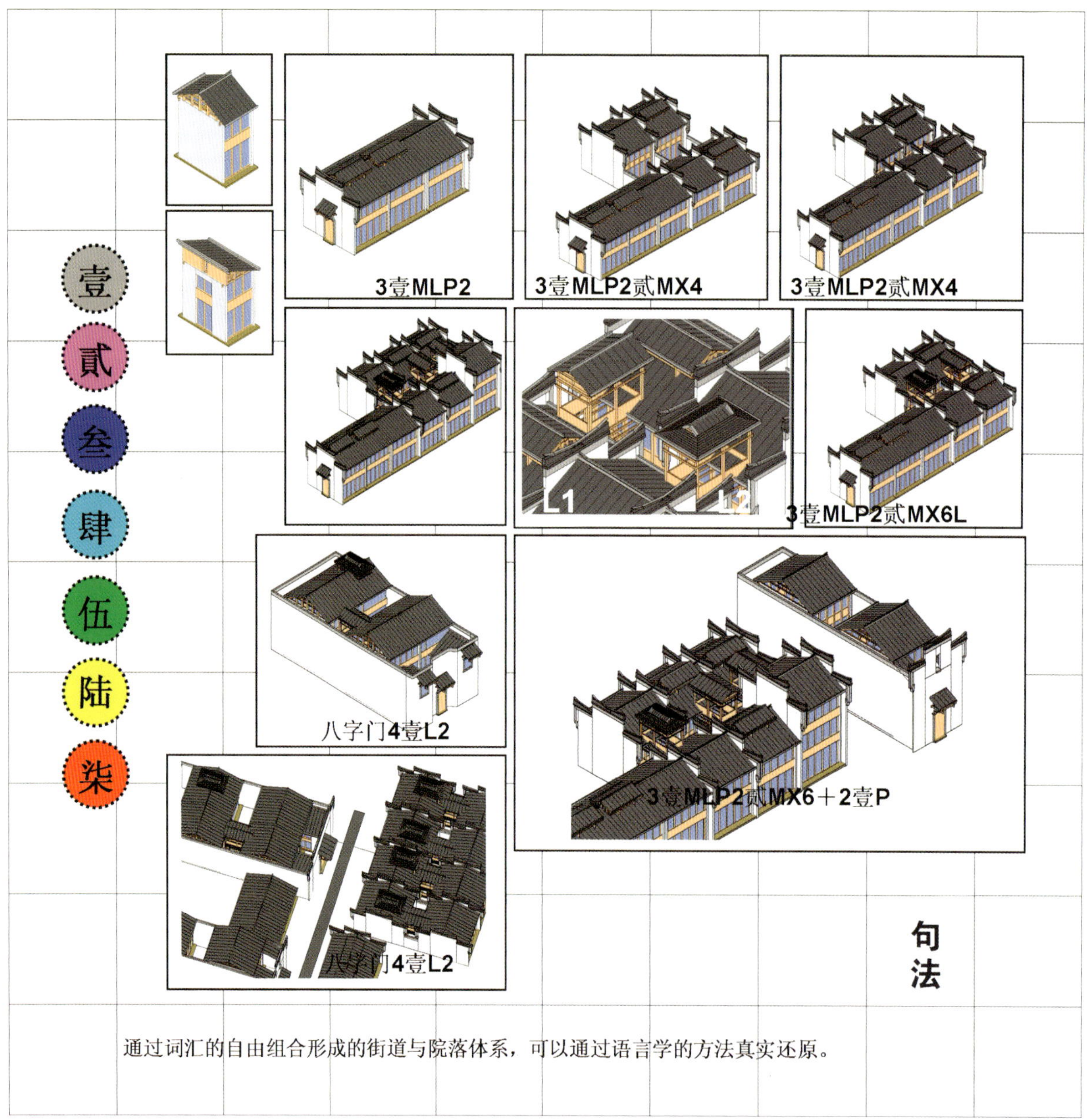

通过词汇的自由组合形成的街道与院落体系，可以通过语言学的方法真实还原。

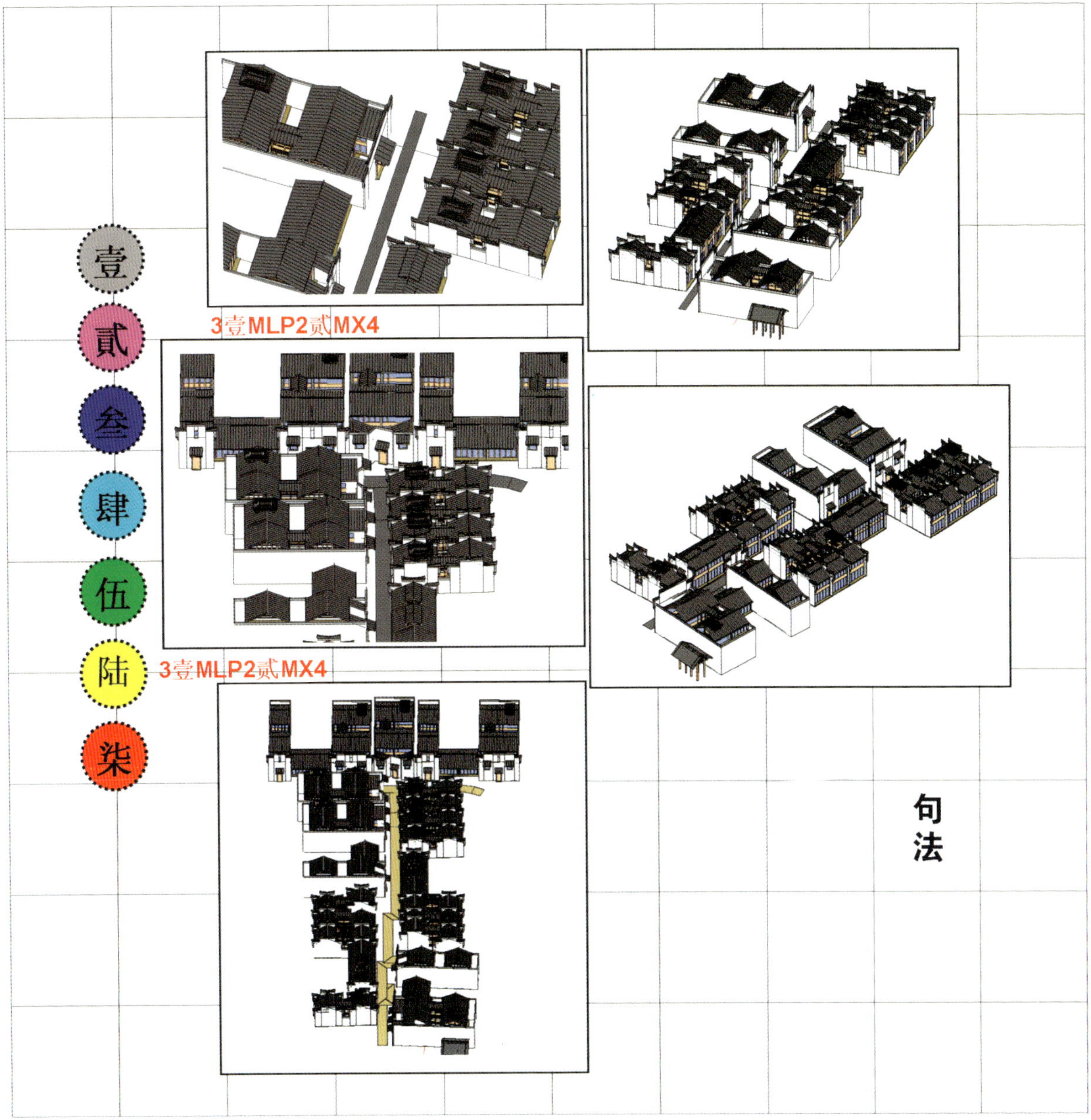

壹
贰
叁
肆
伍
陆
柒

3壹MLP2贰MX4

3壹MLP2贰MX4

句法

天街小雨润如酥

语言学的生成方法，讲述凤凰民居的故事由词汇，到句法，到段落，到文章的生成过程，再现了民居的自生长程序。在向建筑设计深入的过程里，具体的材质，具体的词汇，比如门窗、勒脚等因素的加入将让这个过程越来越真实。

我们在这里，将讲出满口地道的湘西土话，凤凰方言。

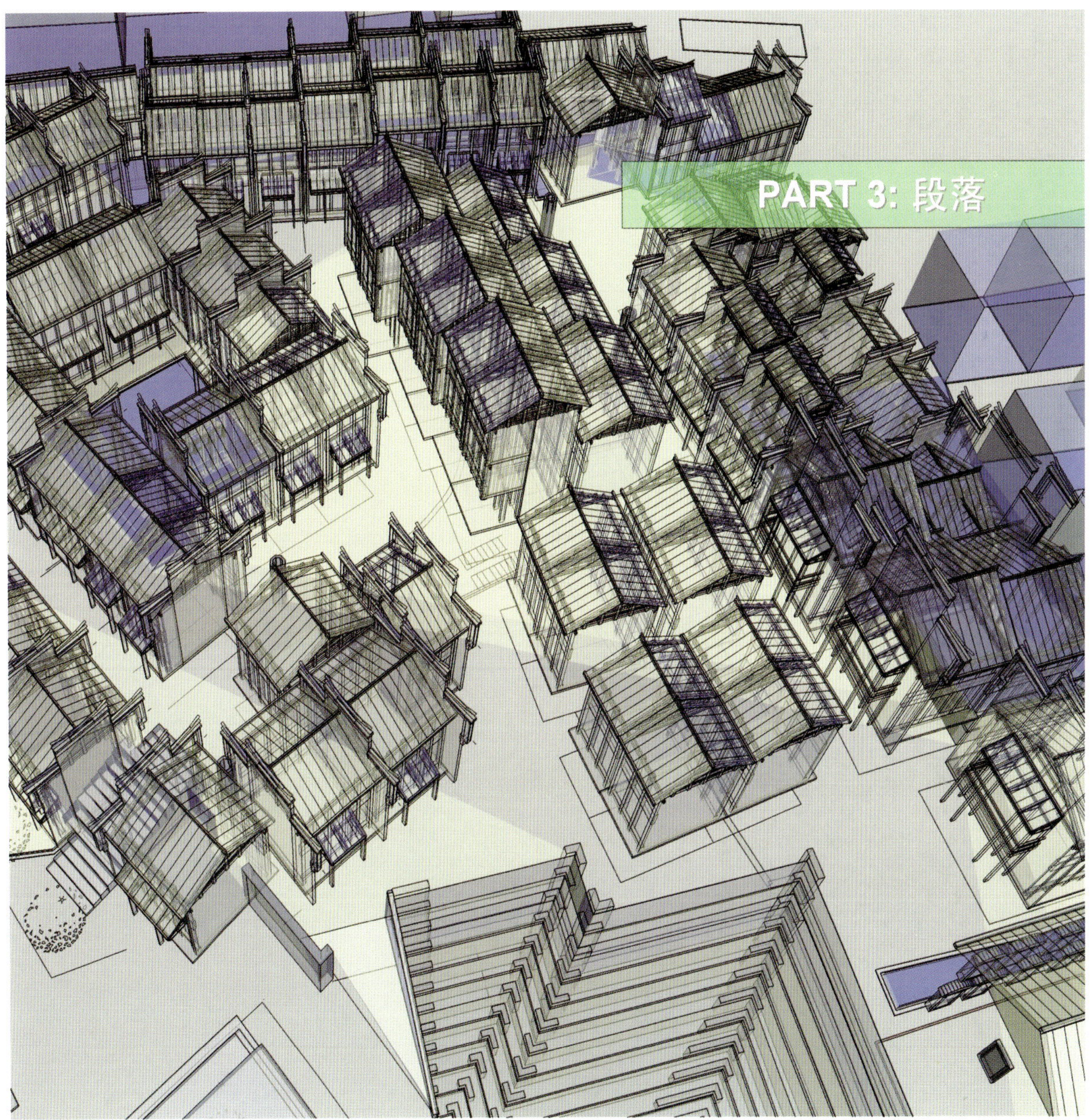
PART 3: 段落

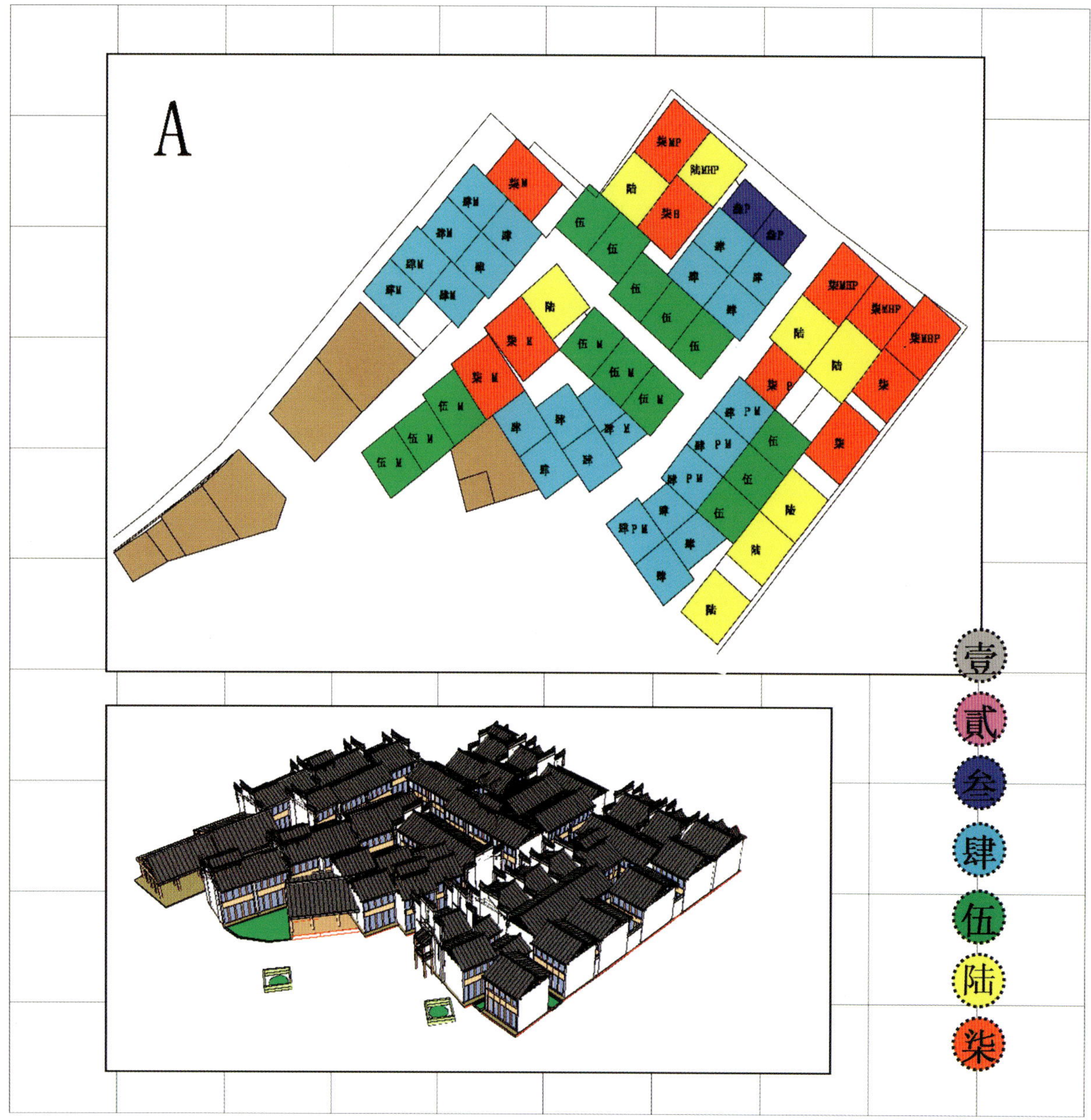
A
壹
贰
叁
肆
伍
陆
柒

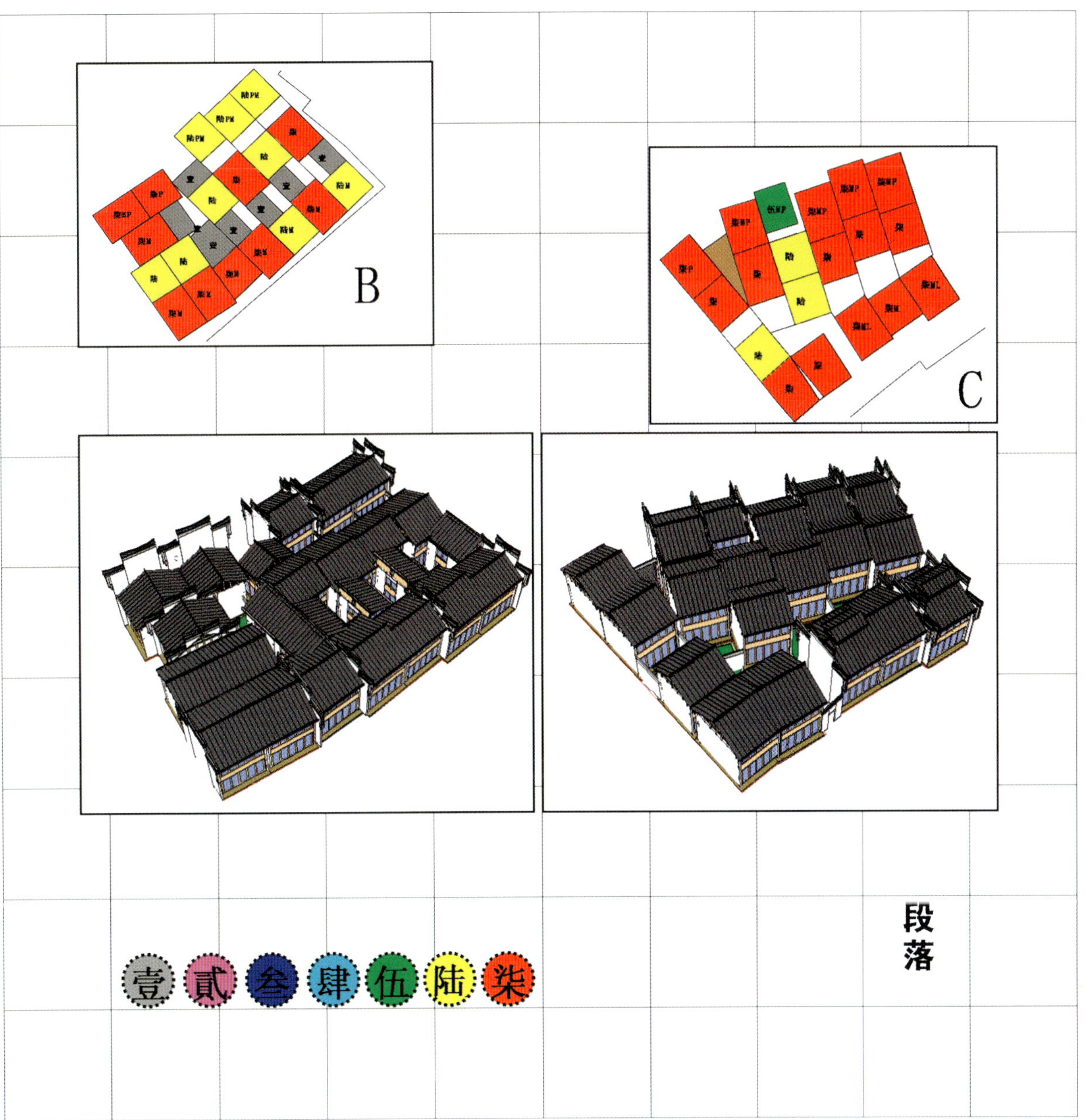
B
C
壹
贰
叁
肆
伍
陆
柒
段落

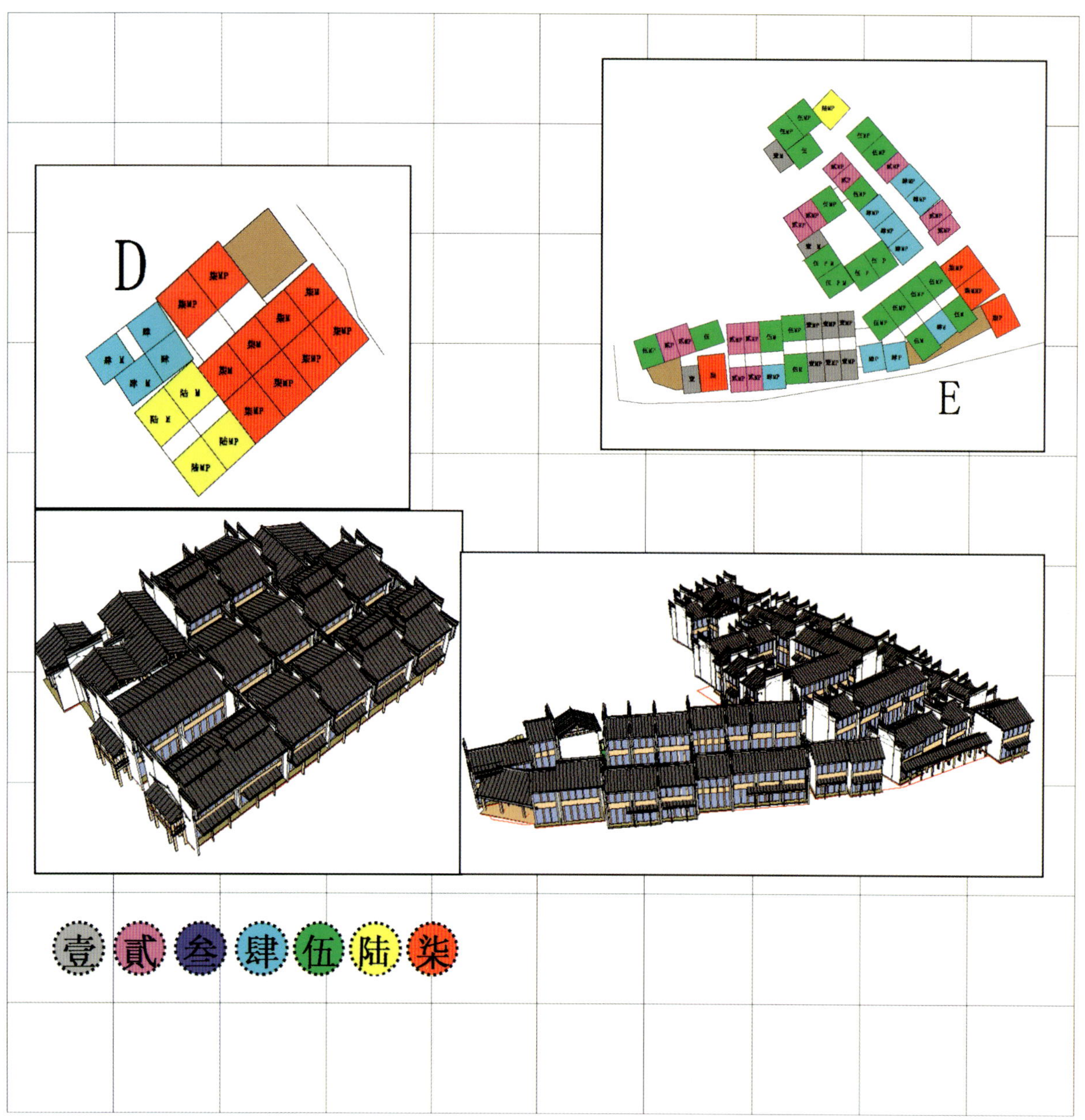
D
E
壹
贰
叁
肆
伍
陆
柒

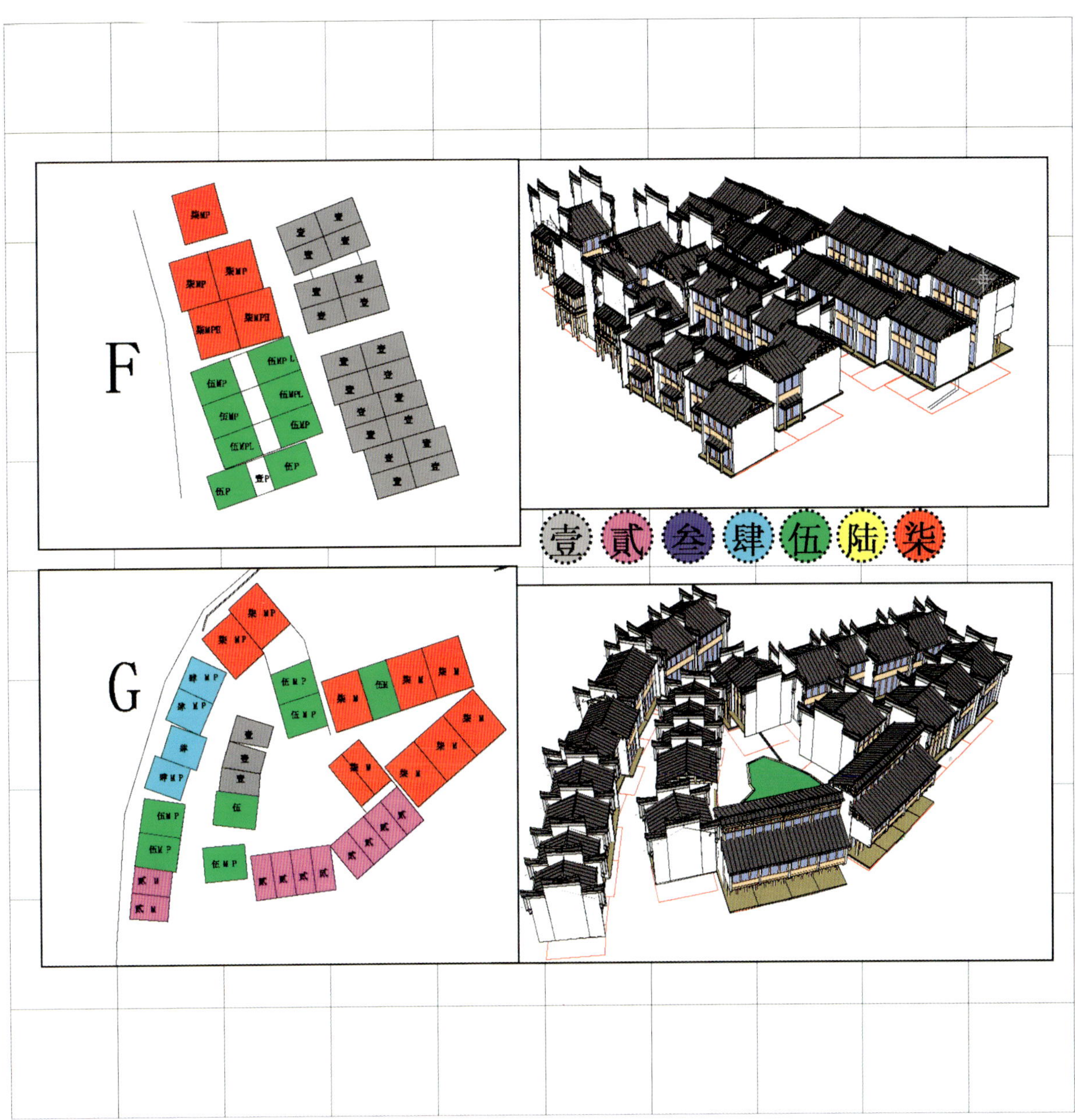
F
G
壹
贰
叁
肆
伍
陆
柒

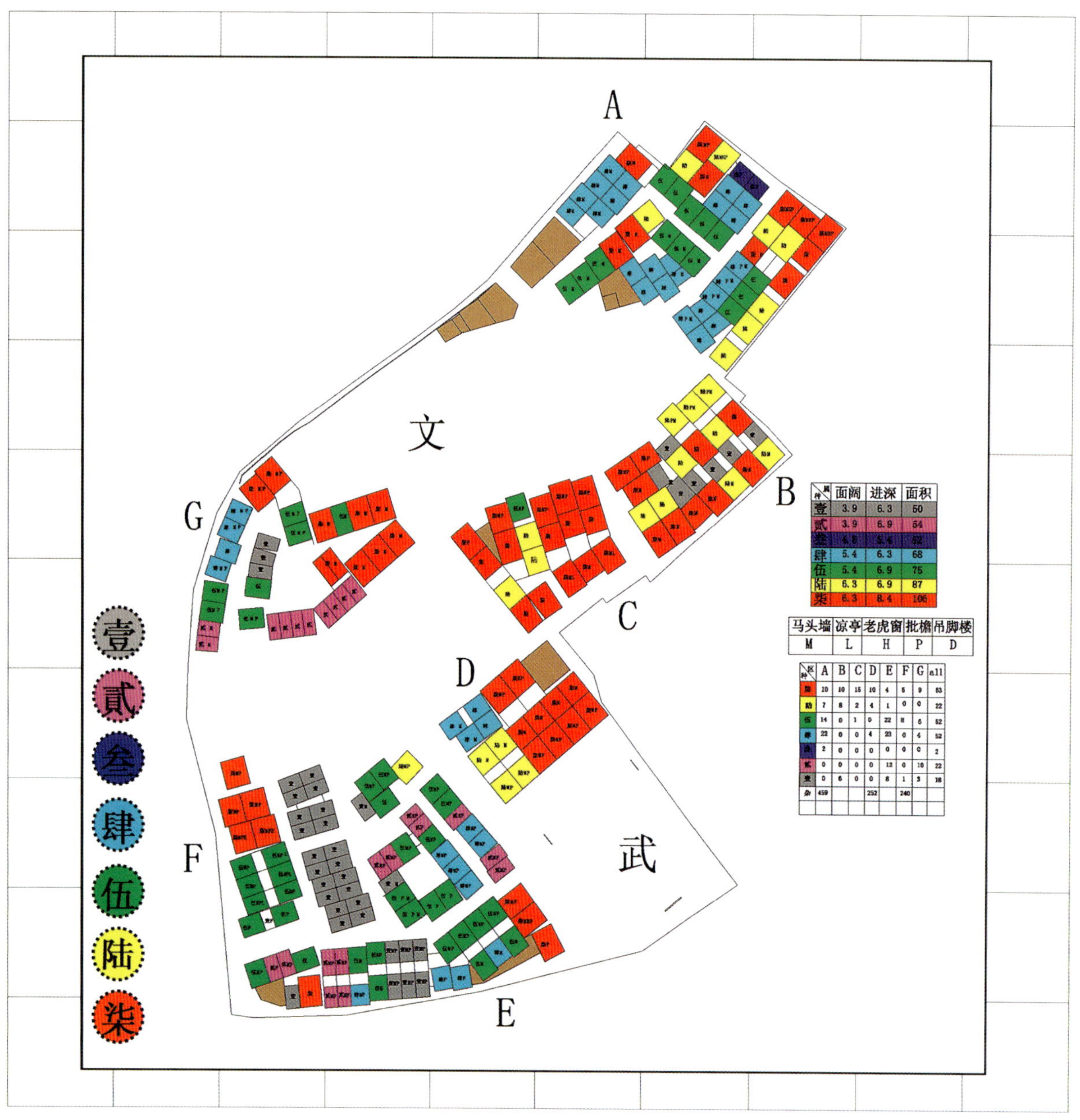

种＼属	面阔	进深	面积
壹	3.9	6.3	50
贰	3.9	6.9	54
叁	4.8	5.4	52
肆	5.4	6.3	68
伍	5.4	6.9	75
陆	6.3	6.9	87
柒	6.3	8.4	106

马头墙	凉亭	老虎窗	批檐	吊脚楼
M	L	H	P	D

种＼区	A	B	C	D	E	F	G	all
柒	10	10	15	10	4	5	9	63
陆	7	8	2	4	1	0	0	22
伍	14	0	1	0	22	8	6	52
肆	22	0	0	4	23	0	4	52
叁	2	0	0	0	0	0	0	2
贰	0	0	0	0	12	0	10	22
壹	0	6	0	0	8	1	3	18
杂	459			252		240		

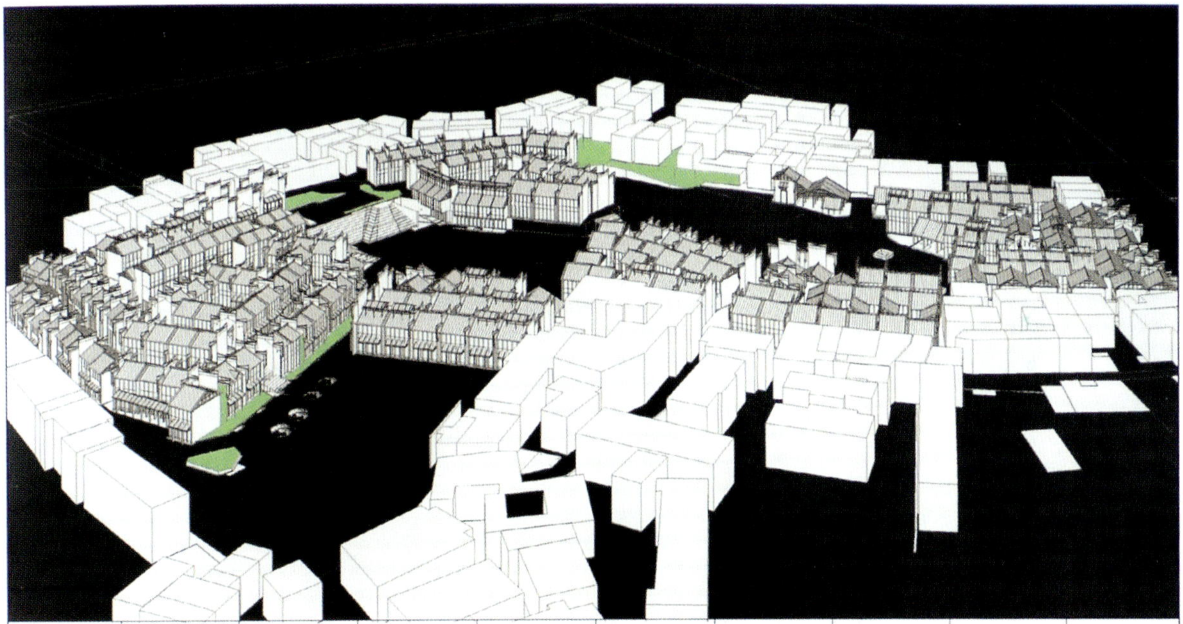

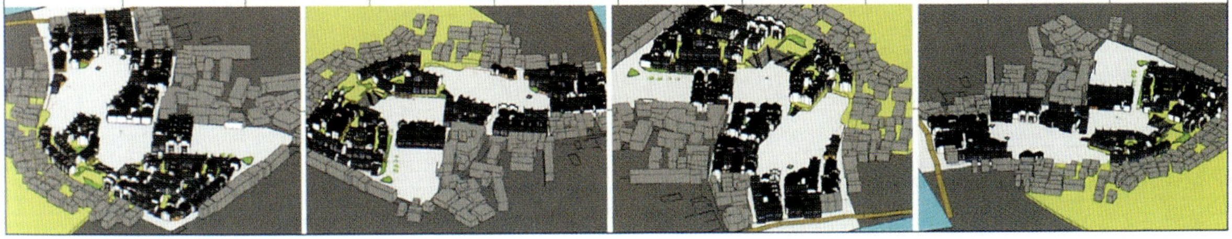

PART 4: 外来语汇

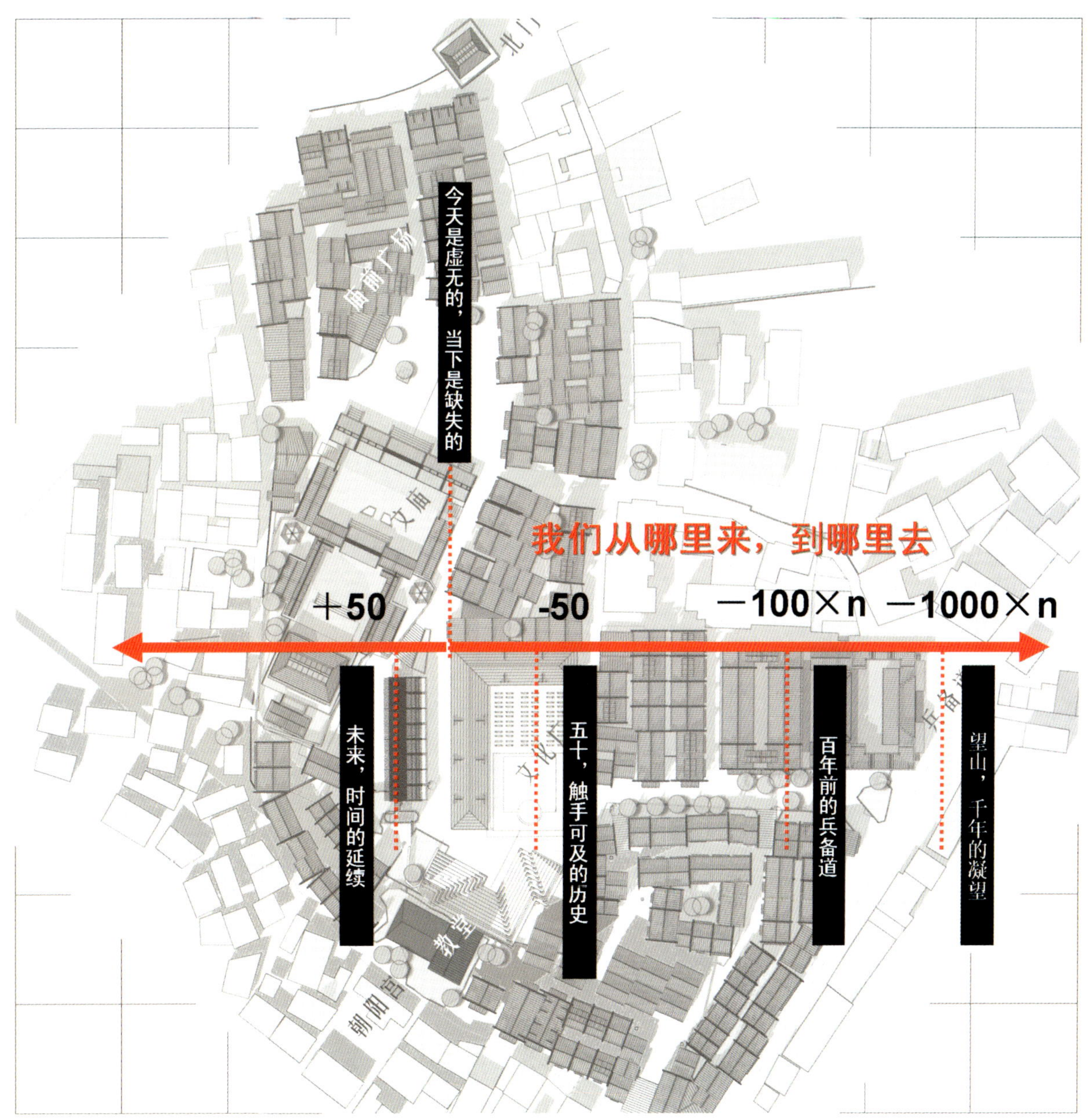

今天是虚无的，当下是缺失的
庙前广场
文庙
我们从哪里来，到哪里去
＋50
-50
－100×n
－1000×n
未来，时间的延续
五十，触手可及的历史
百年前的兵备道
望山，千年的凝望
教堂
朝阳宫

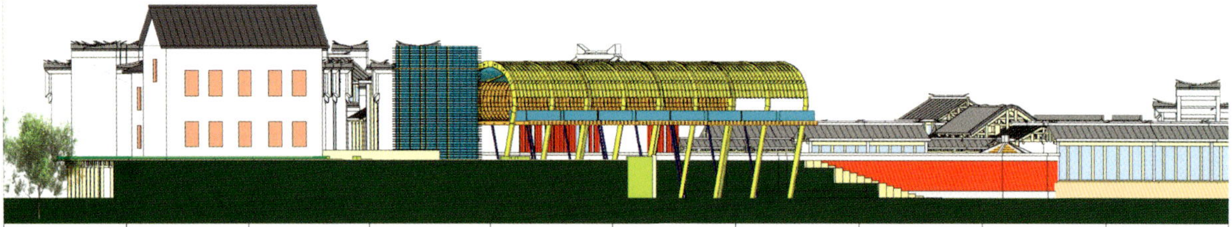

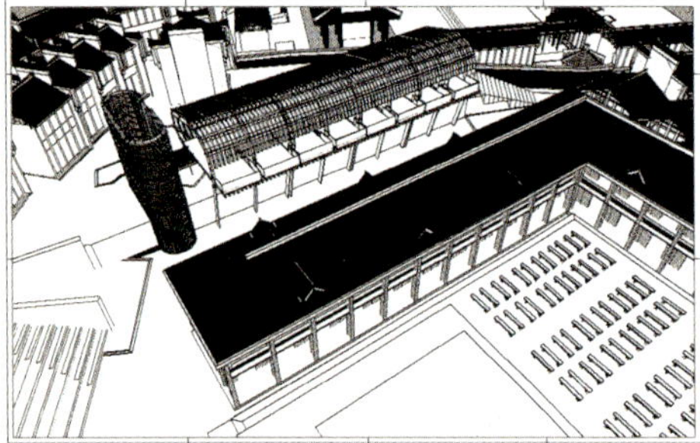

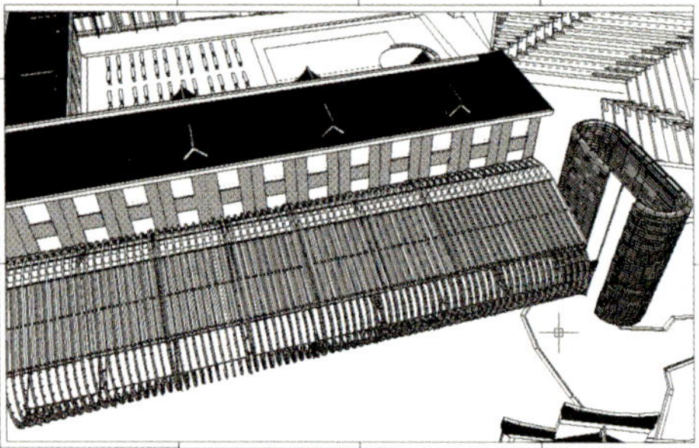

面向未来的茶亭，是时间要素的延续。

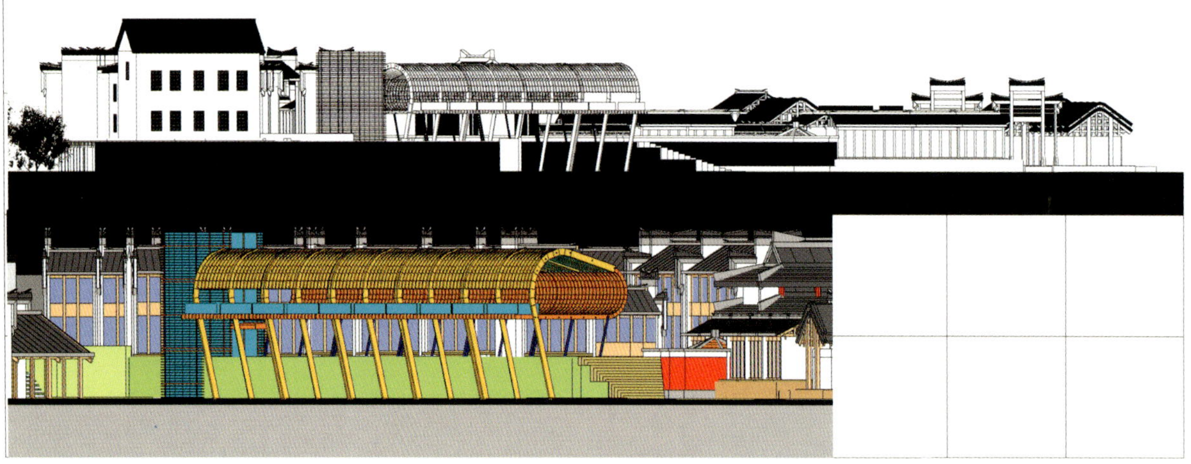

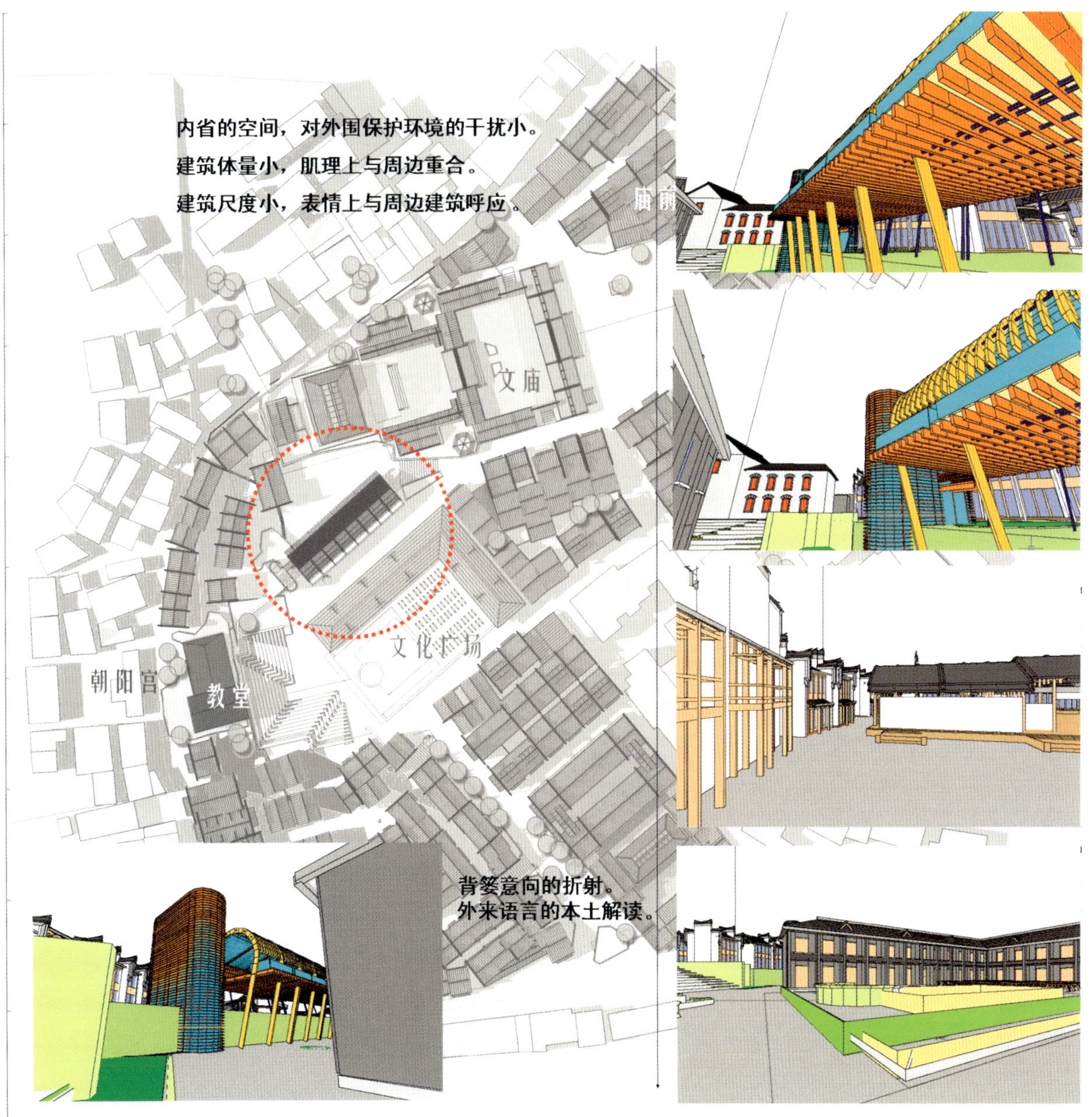
内省的空间，对外围保护环境的干扰小。
建筑体量小，肌理上与周边重合。
建筑尺度小，表情上与周边建筑呼应。
庙前
文庙
文化广场
朝阳宫
教堂
背篓意向的折射。
外来语言的本土解读。

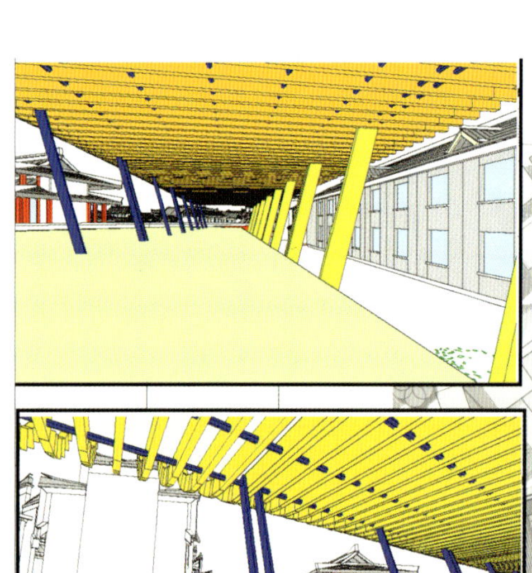

底层架空，成为室外的服务长廊，保证视线通畅。

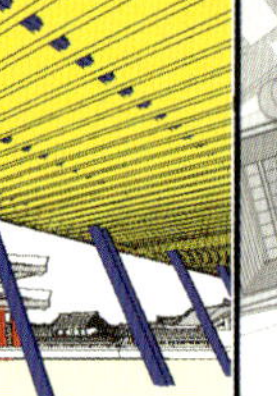

底层架空，品茗小坐，环顾四下，很传统的风味。

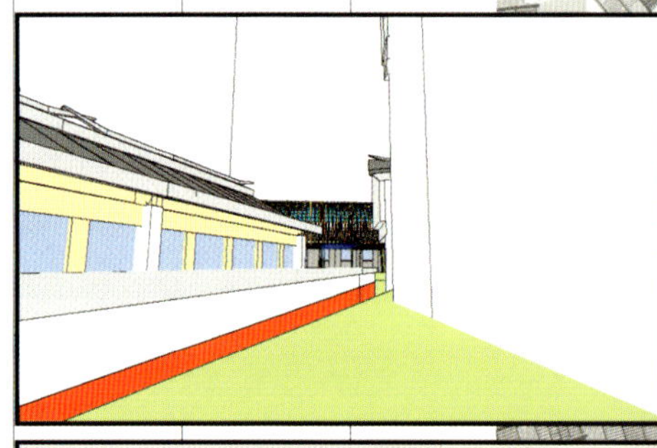

从基地外围，几乎察觉不到“外来语汇”的存在。

图为从文庙旁边的小巷看本建筑。

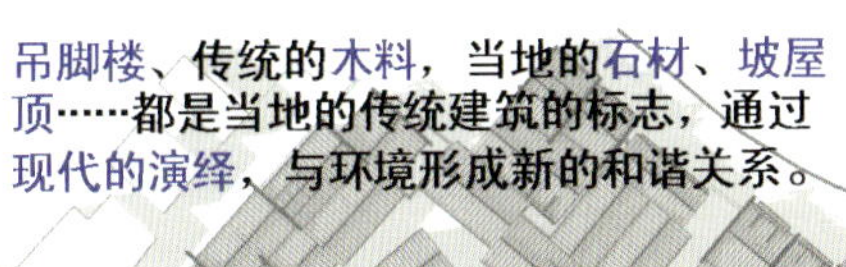

吊脚楼、传统的木料，当地的石材、坡屋顶……都是当地的传统建筑的标志，通过现代的演绎，与环境形成新的和谐关系。

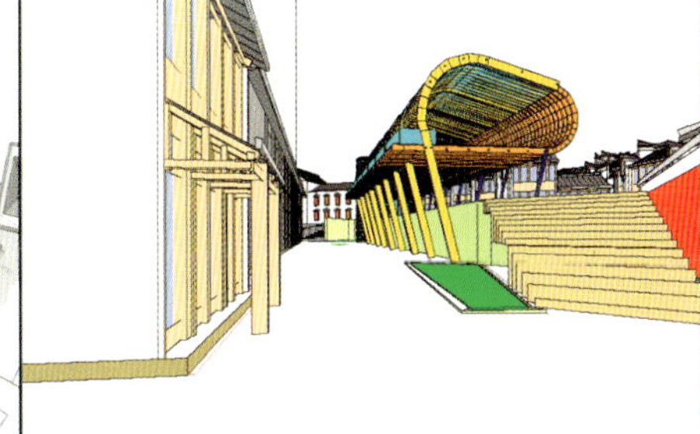

吊脚楼的本质是对地形的适应，而不仅仅是对建筑细节的模仿。

柔和的线条，对基地内的建筑环境是一种缓冲。

从看台回望“外来语汇”建筑。

像民居一样简朴的造型。

是本土的语言，还是外来语汇对本土建筑的翻译？

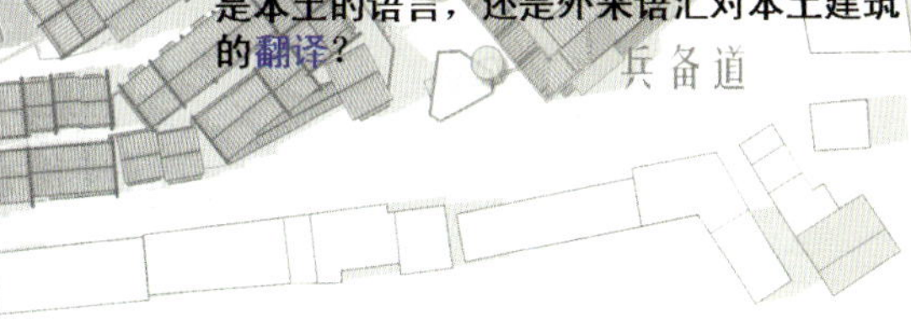

第三章 方案 ——和乡亲们的交谈

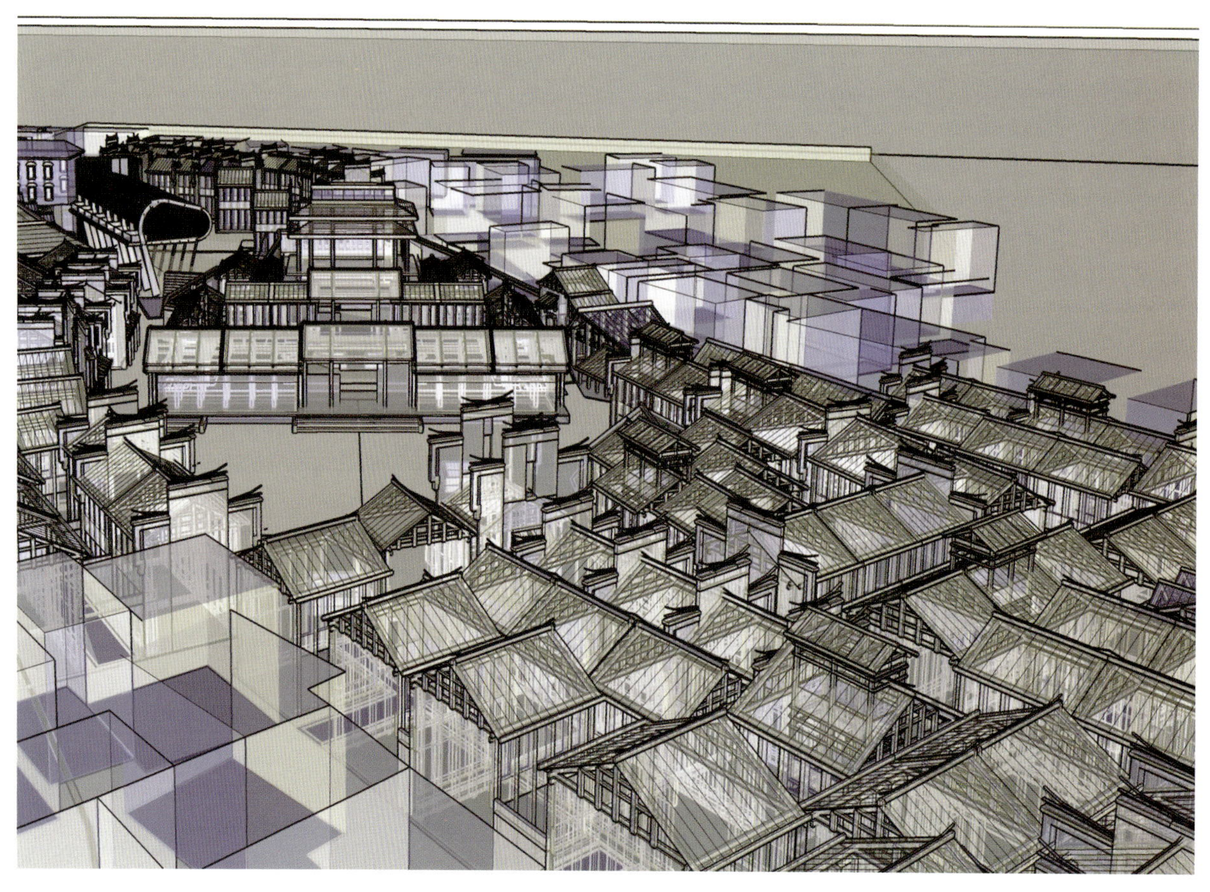

PART 1: 与环境的对话

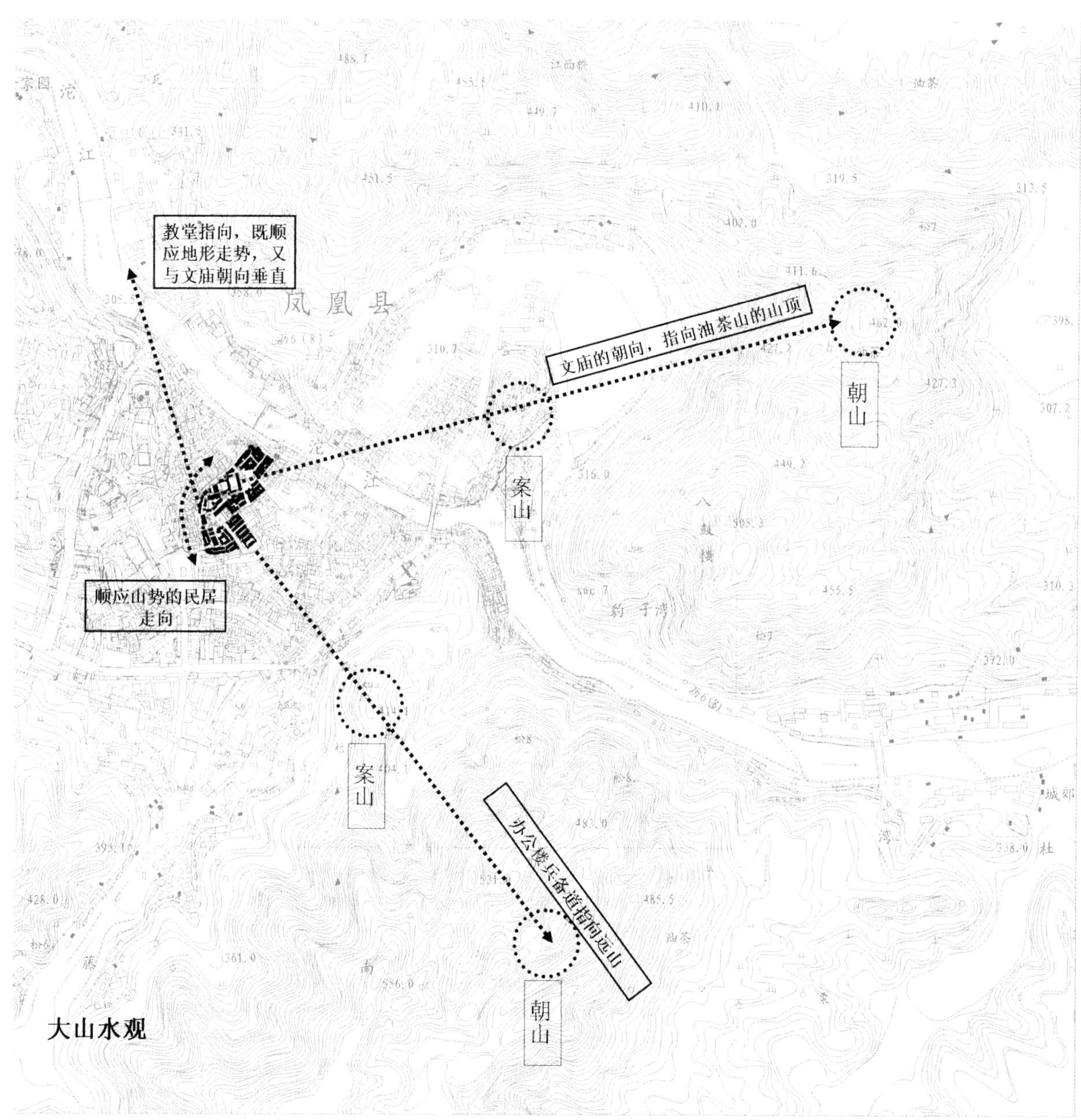
教堂指向，既顺应地形走势，又与文庙朝向垂直
凤凰县
文庙的朝向，指向油茶山的山顶
朝山
案山
顺应山势的民居走向
案山
办公楼兵备道指向远山
朝山
大山水观

现状肌理

注：底图引自同济大学凤凰历史文化名城保护规划

肌理叠合

喜鹊坡
北园
县一中
南华门
奇峰山
田氏家祠
北门
茶井
万寿宫
江
沙湾
八角楼
天王庙
观景山
客运站
观日台
石莲阁
南华山
小关门
阎王殿
兰泉
文昌阁小学

肌理融和

外部肌理对内部建筑的影响

内部肌理与尺度

内外肌理与尺度的叠合

文化广场，利用原有的县委广场。凳子的形式借用了传统的乡间木条凳的样式。可以用金属翻制，既是坐具，又是一组雕塑，有大地景观的意旨。

庙前广场，既不规整，也不随意，介乎于官式与民间的建筑传统之间。

文庙

古树与小土地庙。

文化广场

教堂

兵备道，每个院落抬高1m，逐级上升的空间，威严庄重。第三级院落为家眷的住所，下面有3米的架空空间，可以利用。

八字门，与官式的建筑的做法结合，是凤凰的兵备道。平面关系及建筑样式参考了凤凰县志所载的古图。

兵备道

拐角处设置了水井，利用巧妙的构筑方式，它们成为地下空间的采光口。

下沉广场，看台，沟通不同的标高，同时也不影响教堂景观。

下沉庭院，丰富景观，也为地下商业空间带来采光。

建筑总平面

插入新的外来语汇的总平面

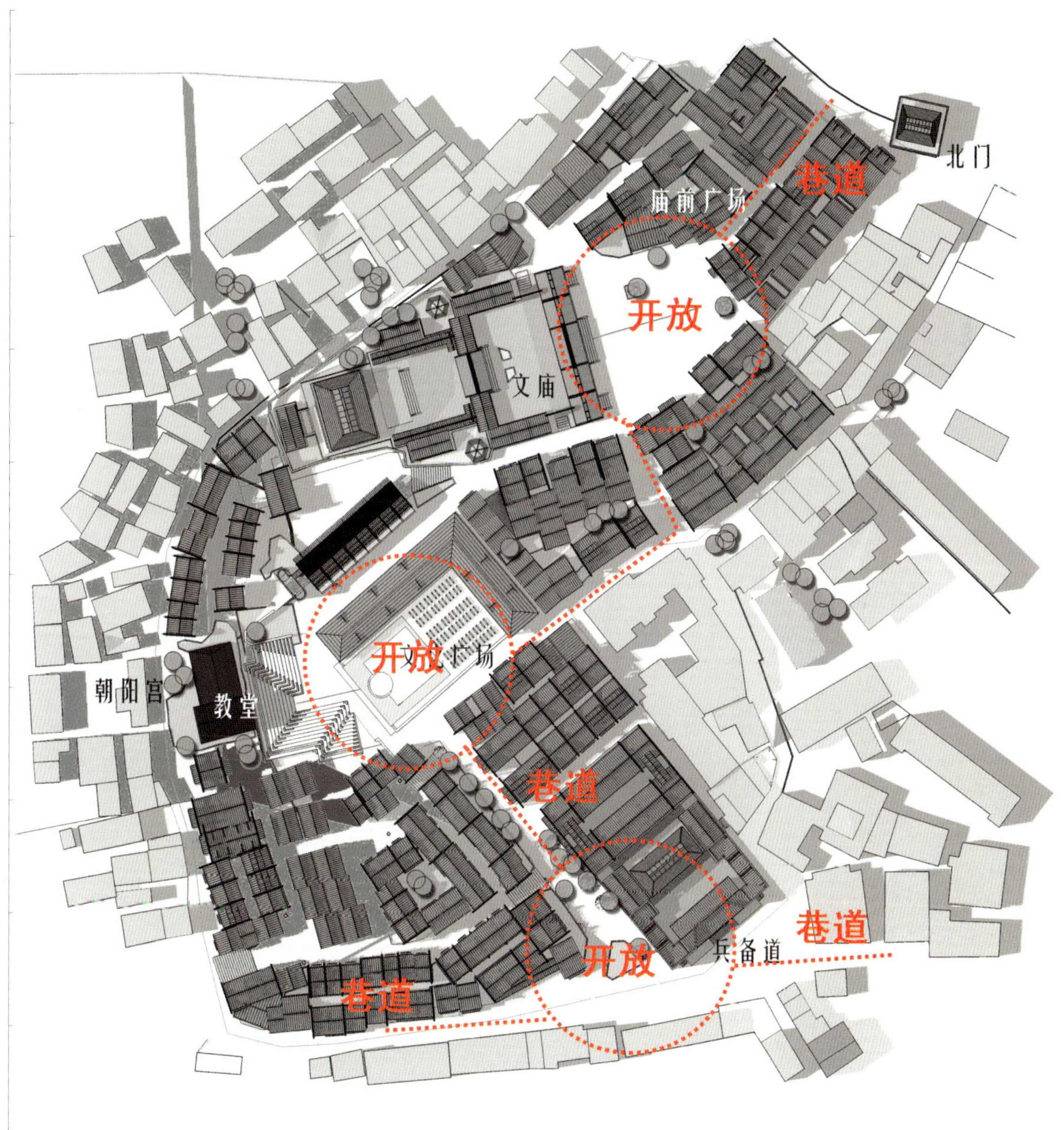
北门
巷道
庙前广场
开放
文庙
开放
文化广场
朝阳宫
教堂
巷道
开放
兵备道
巷道
巷道

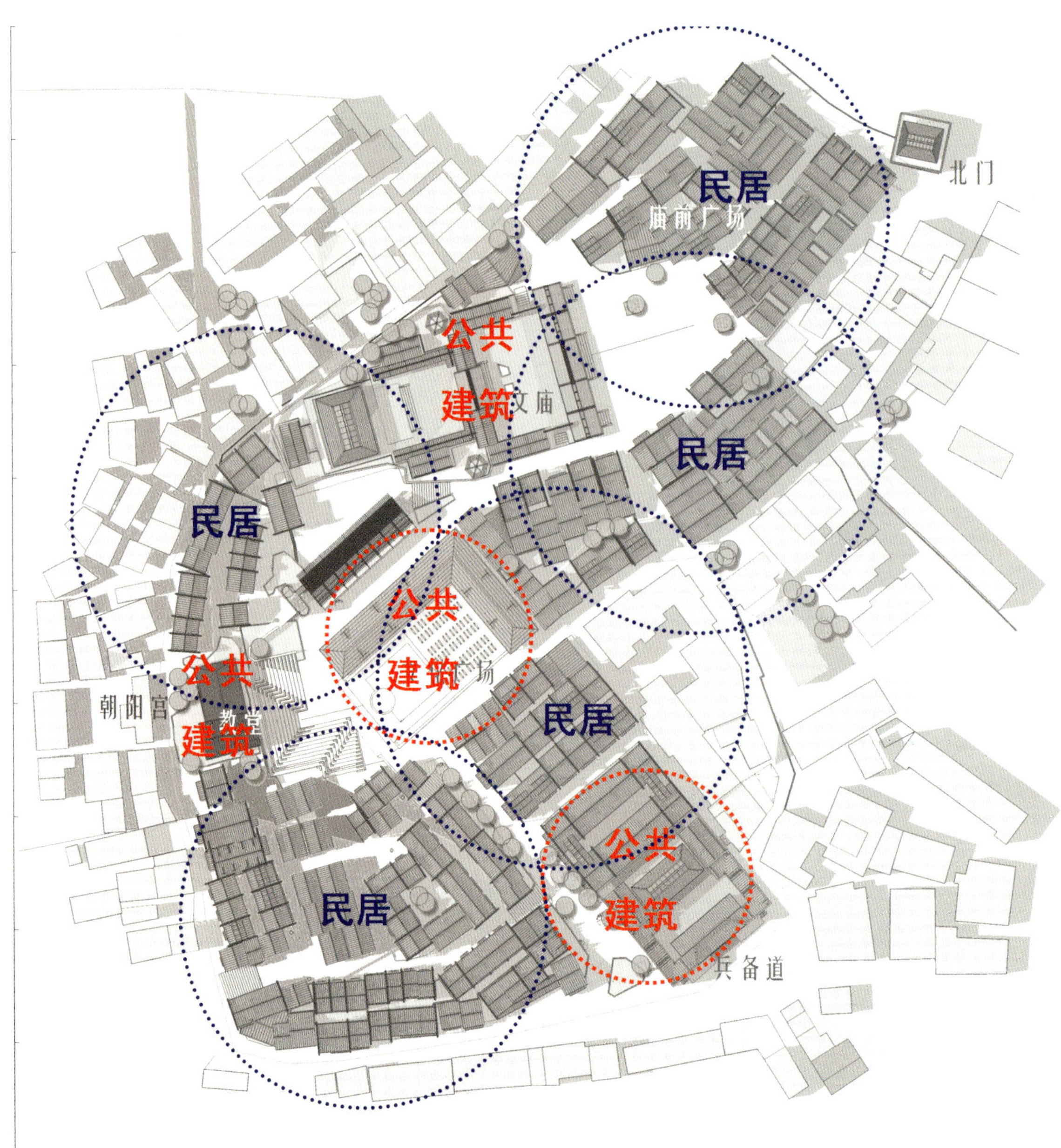
北门
民居
庙前广场
公共
建筑
文庙
民居
民居
公共
建筑
广场
公共
建筑
朝阳宫
教宫
民居
公共
建筑
民居
兵备道

1）对地块内古建实行分区消防，消防车可以到达各个主要景点。

2）人行交通在地块内贯穿成网络，有多条回游路线供选择。地块内形成丰富的游线，使基地的利用率增加。

3）有多个出入口通向其他街道，方便人流疏散。地块内人行通道，自成环路，所有通向外围的道路均为支路，任意关闭一条支路，均不影响内部交通。这样，保证了管理使用的多种可能性。

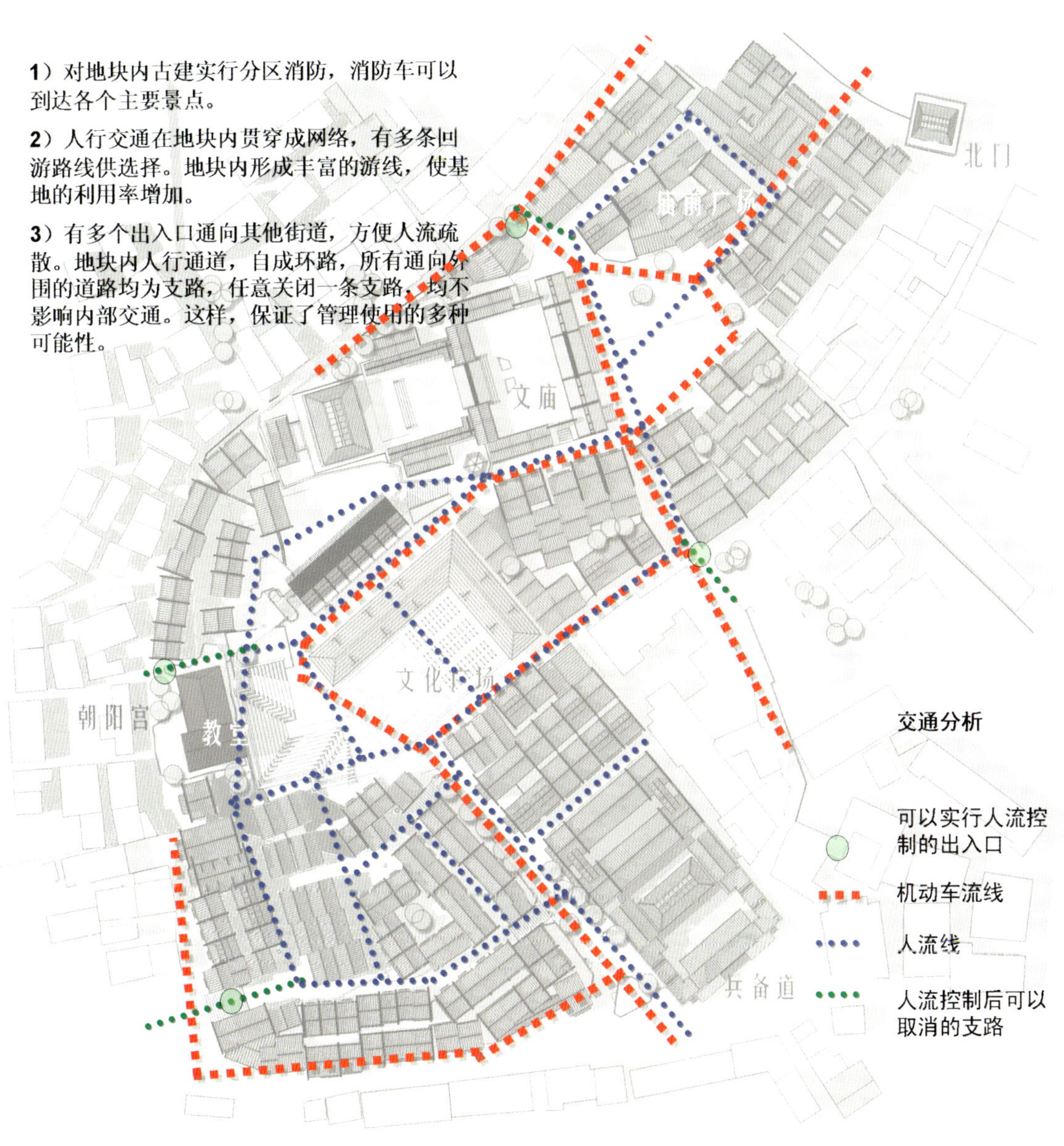

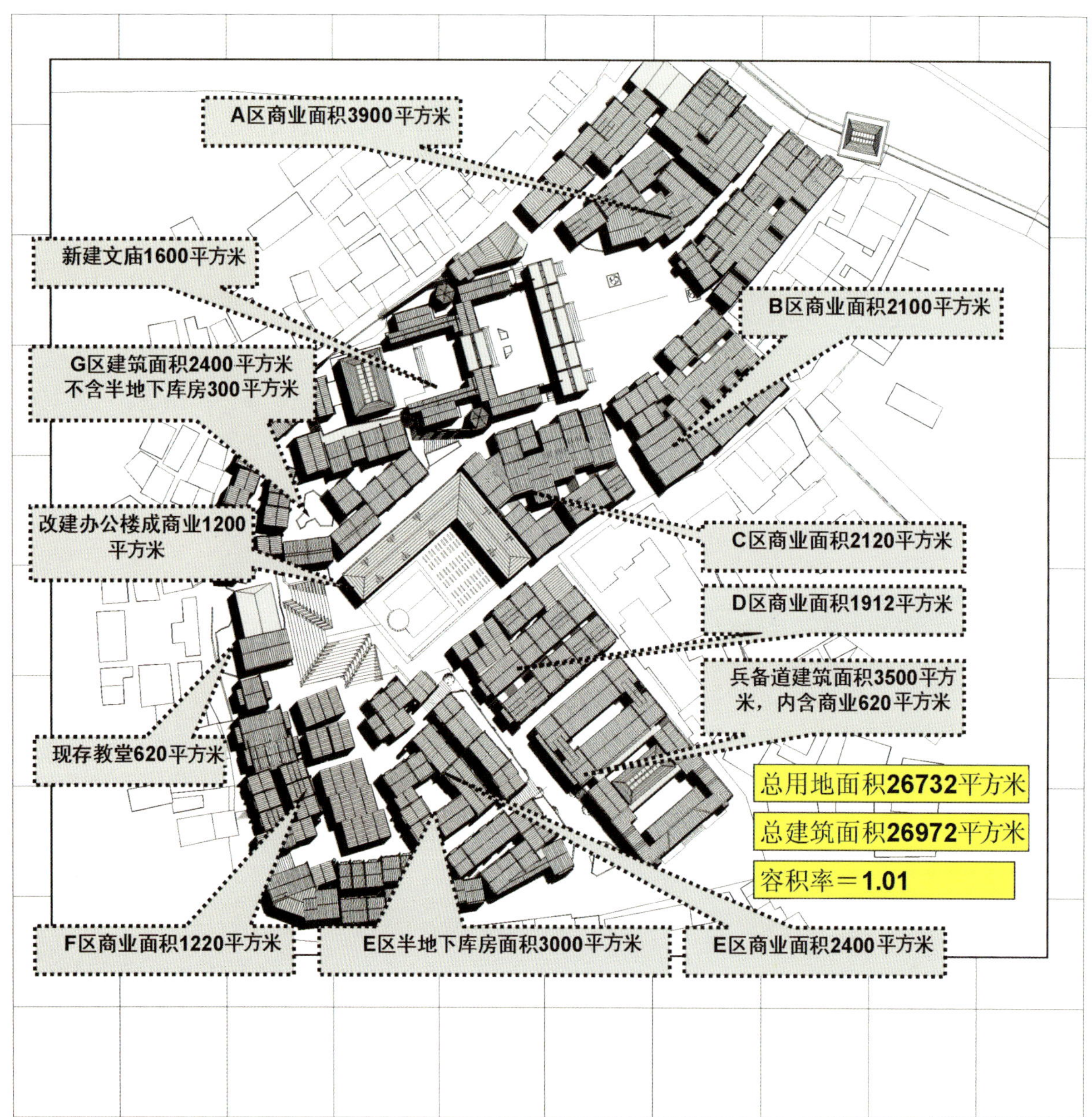
A区商业面积3900平方米
新建文庙1600平方米
B区商业面积2100平方米
G区建筑面积2400平方米
不含半地下库房300平方米
改建办公楼成商业1200平方米
C区商业面积2120平方米
D区商业面积1912平方米
兵备道建筑面积3500平方米，内含商业620平方米
现存教堂620平方米
总用地面积26732平方米
总建筑面积26972平方米
容积率＝1.01
F区商业面积1220平方米
E区半地下库房面积3000平方米
E区商业面积2400平方米

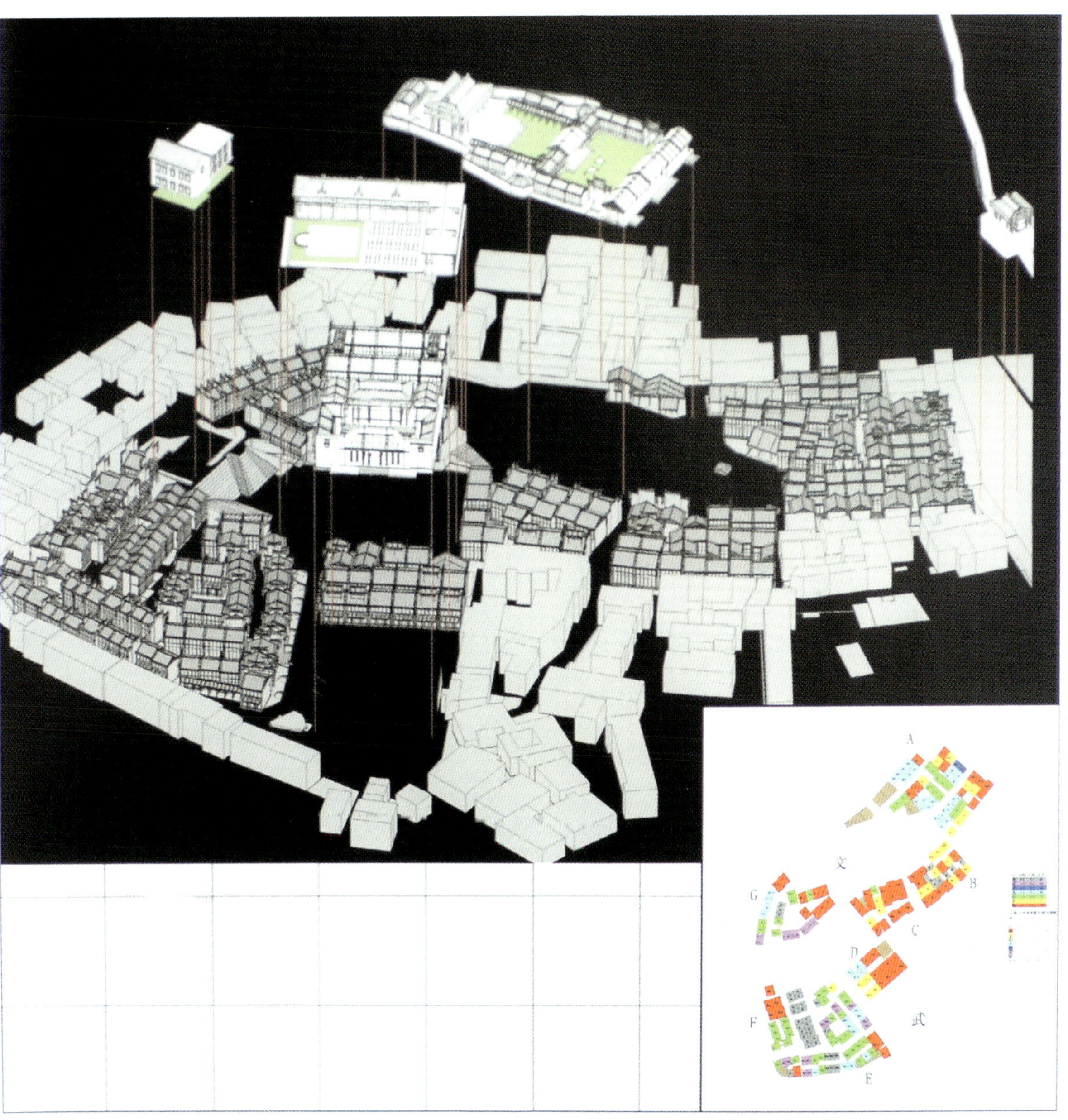
A
文
G
B
C
D
F
武
E

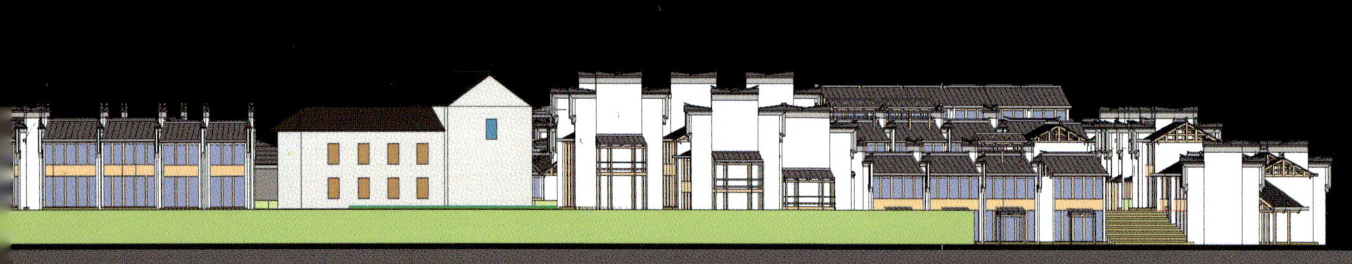

西立面图

南立面图

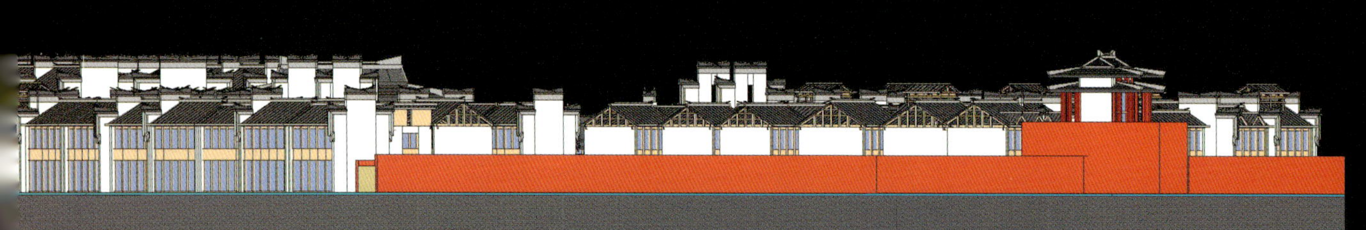

东立面图

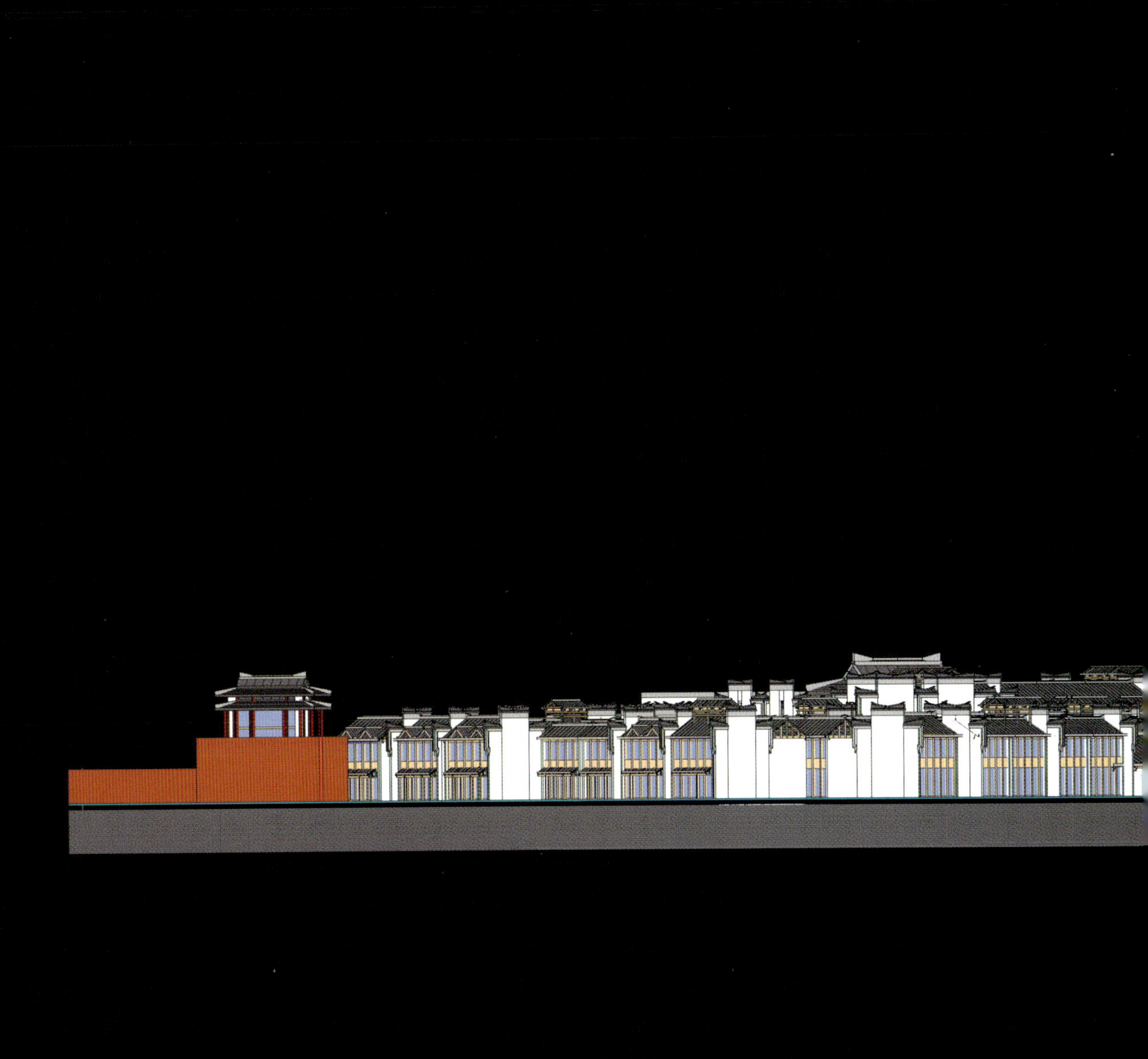

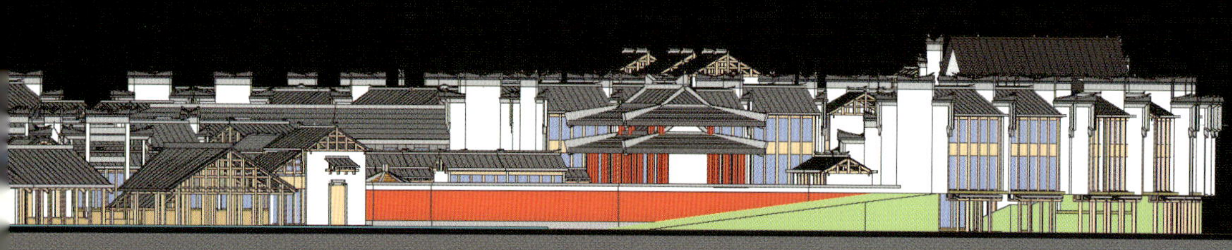

北立面图

PART 2: 公共空间研究

通过公建在空间上的视域整合能力控制所有街巷的空间。使公建在视觉域上的场域控制能力发挥到极致。保证了从跨入古城到进入景区内的几乎每一条小巷都受到教堂、文庙、文化广场、兵备道四座公建的引导，从而保证了游览的生动性及方位感。

●县委办公楼和院子

保留县委办公楼的理由：

1）它的朝向是与前方山峰呼应的，有重要的文化意义，及清晰的文脉

2）在同济大学的规划里为保护建筑

3）朝向与外围建筑，城市肌理吻合。真正紊乱内部朝向关系的是文庙。

4）建于**50**年代，是历史重要的一个环节，不可割裂。是主轴上的重要时间节点。

5）政府办公楼变成公众的文化设施，有深远的文化意义与内涵

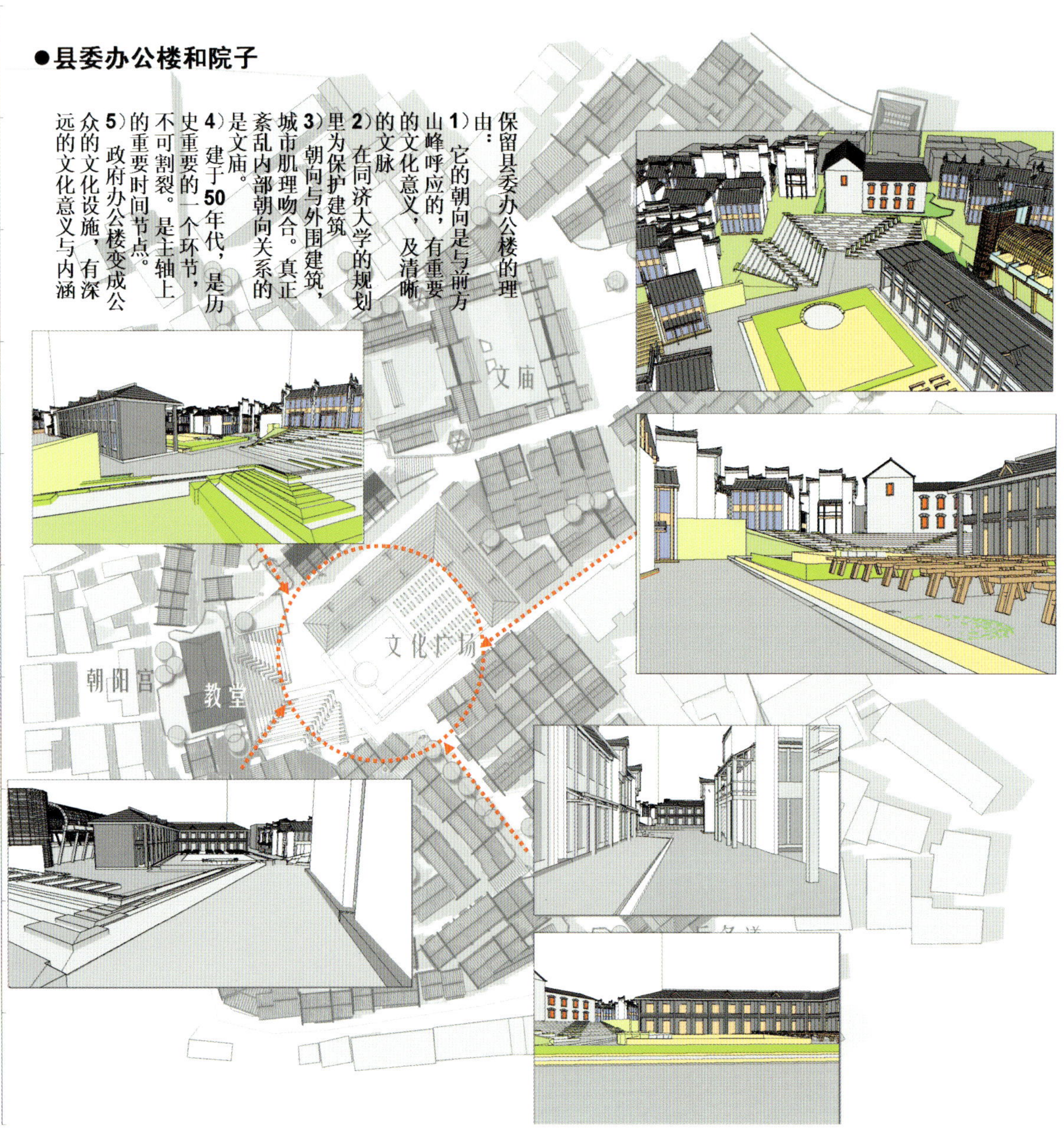

县政府的办公楼，在经过整修后，使用性质将得到转换。转换之后可以作为茶饮的服务区。结合表演广场，会形成很有趣的空间。

前面的广场上，希望是乡间的条凳。一排排的让人回忆起儿时在晒谷场上看电影的经历。

●文庙和文庙前的小广场

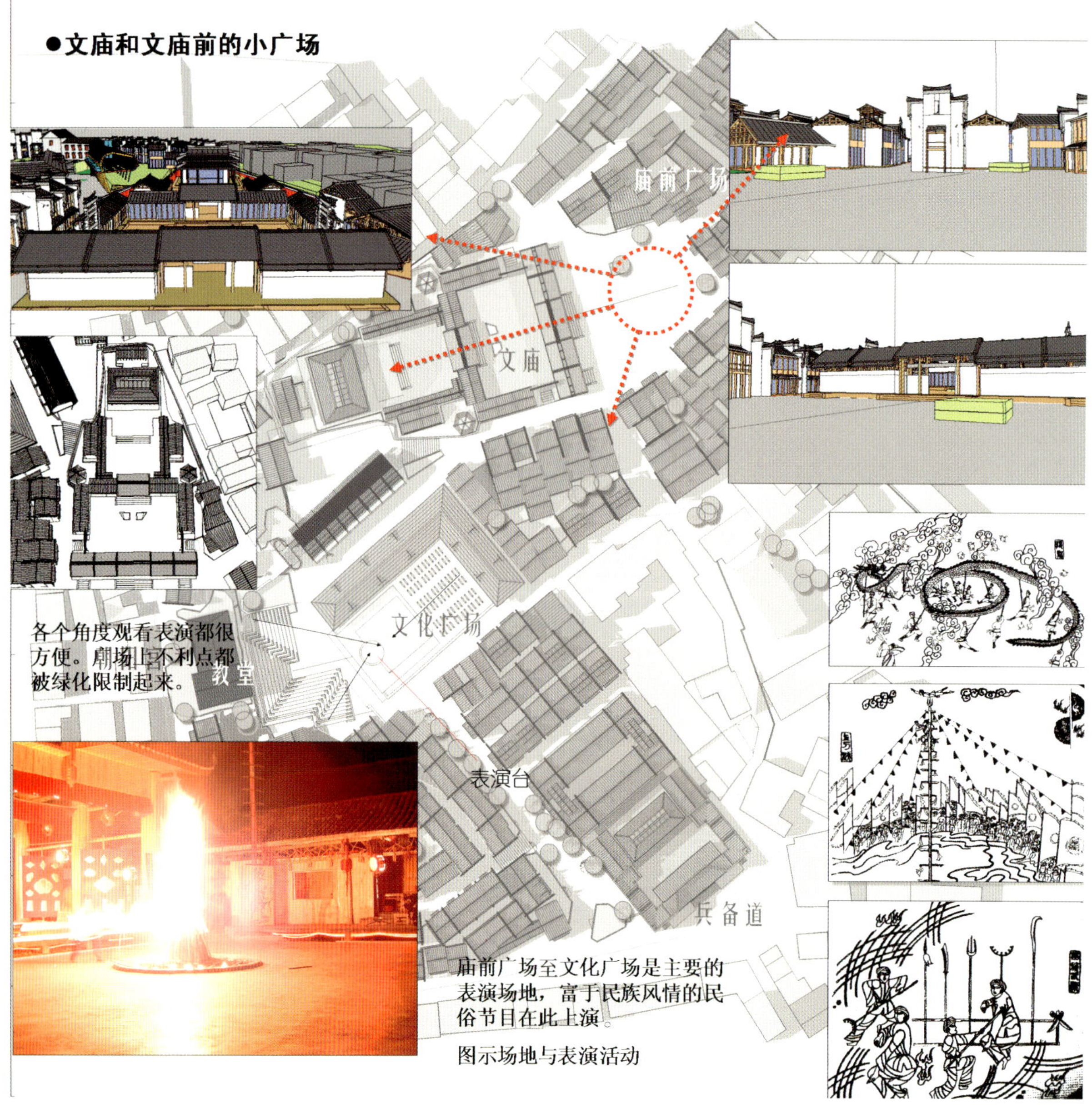

图示场地与表演活动

●文庙和文庙前的小广场

文庙在改造之后，应该与周边环境形成更好的互动关系。文庙原本在朝向上注意了与远山之间的呼应，但缺乏与其周边建筑在朝向上的呼应。

原有一中的老校舍应该得以保留。倘若不能保留，那么应该按照原有的格局小心地保留场地的记忆。

金桂与银桂见证了这段空间变迁。以金桂银桂的位置为基准，结合相关的历史文献记录与老人们的记忆，我们方能还原这些已经失去的空间。

比照现状，我们推演出文庙的大体形态。

新建的厢房为一层建筑，更加反衬出大成殿的巍峨与高大。

除却主体建筑之外，其它的建筑应该单纯简单。平淡的铺垫之后是浑厚、壮美的大成殿。

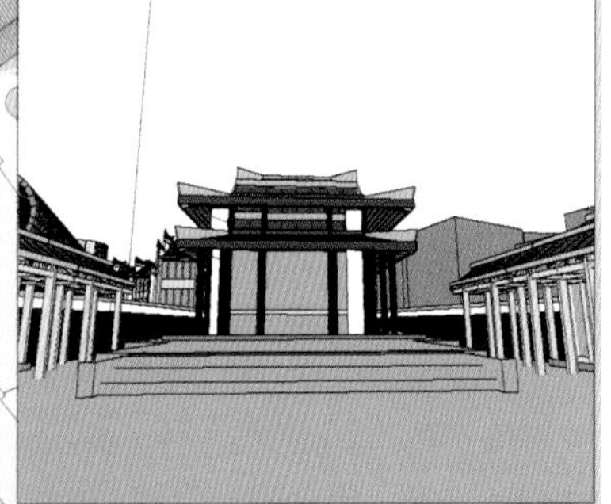

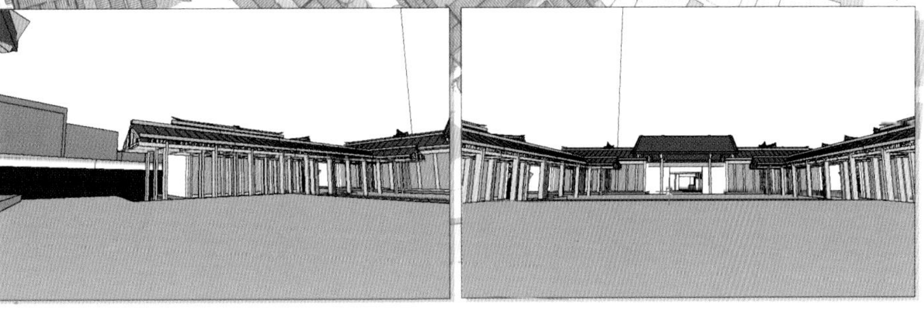

●文庙和文庙前的小广场

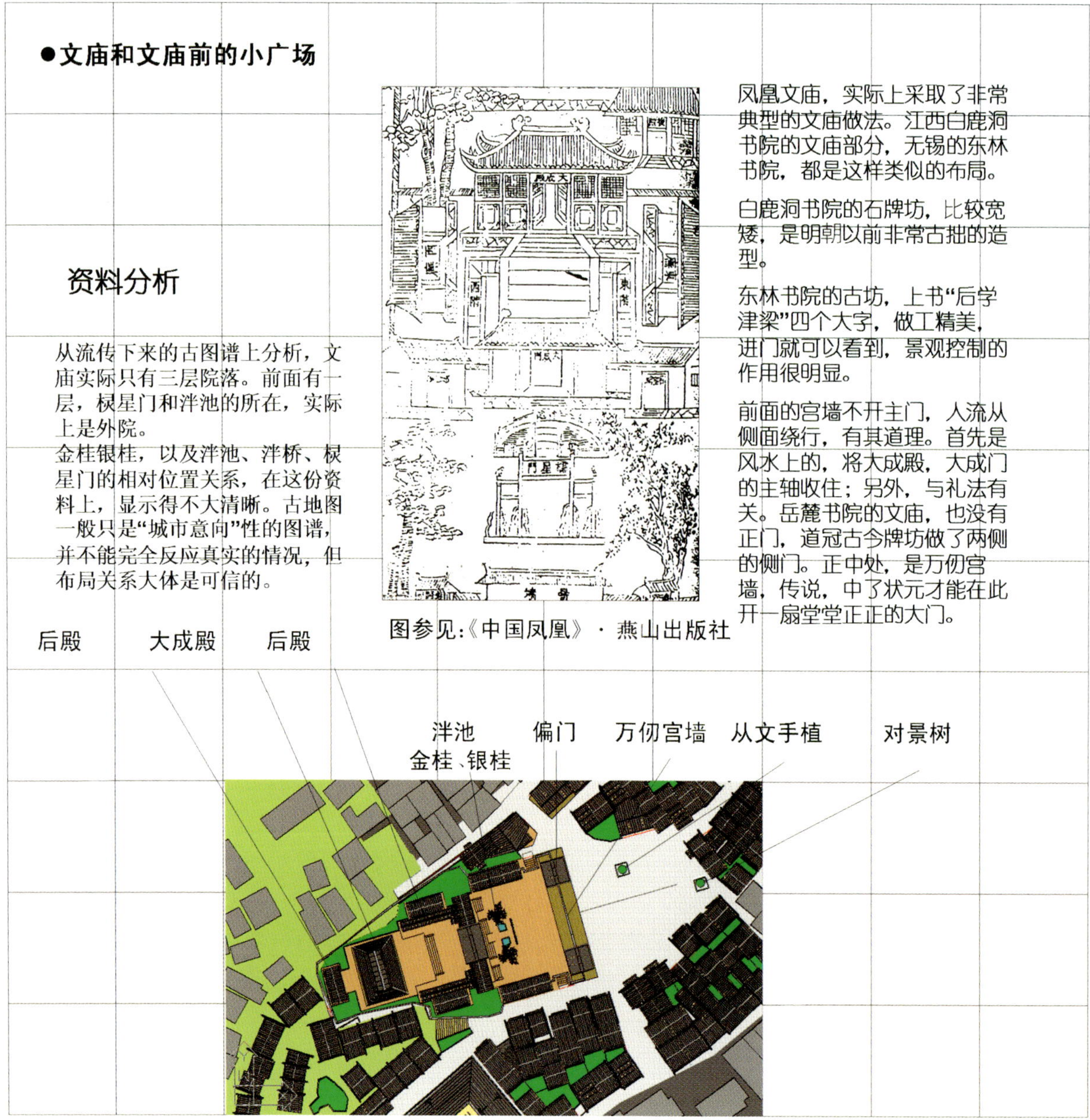

资料分析

从流传下来的古图谱上分析，文庙实际只有三层院落。前面有一层，棂星门和泮池的所在，实际上是外院。

金桂银桂，以及泮池、泮桥、棂星门的相对位置关系，在这份资料上，显示得不大清晰。古地图一般只是“城市意向”性的图谱，并不能完全反应真实的情况，但布局关系大体是可信的。

图参见:《中国凤凰》· 燕山出版社

凤凰文庙，实际上采取了非常典型的文庙做法。江西白鹿洞书院的文庙部分，无锡的东林书院，都是这样类似的布局。

白鹿洞书院的石牌坊，比较宽矮，是明朝以前非常古拙的造型。

东林书院的古坊，上书“后学津梁”四个大字，做工精美，进门就可以看到，景观控制的作用很明显。

前面的宫墙不开主门，人流从侧面绕行，有其道理。首先是风水上的，将大成殿，大成门的主轴收住；另外，与礼法有关。岳麓书院的文庙，也没有正门，道冠古今牌坊做了两侧的侧门。正中处，是万仞宫墙，传说，中了状元才能在此开一扇堂堂正正的大门。

●文庙和文庙前的小广场

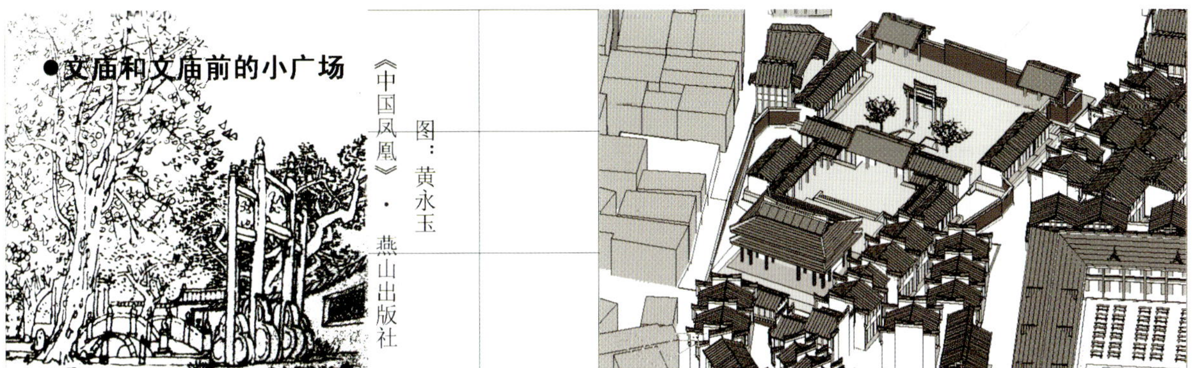

图：黄永玉
《中国凤凰》· 燕山出版社

按照黄永玉先生的速写回忆，金桂银桂当在泮池泮桥的两侧，棂星门在前。如今，物是人非，但两颗树还在，因此不难推定出建筑的位置。

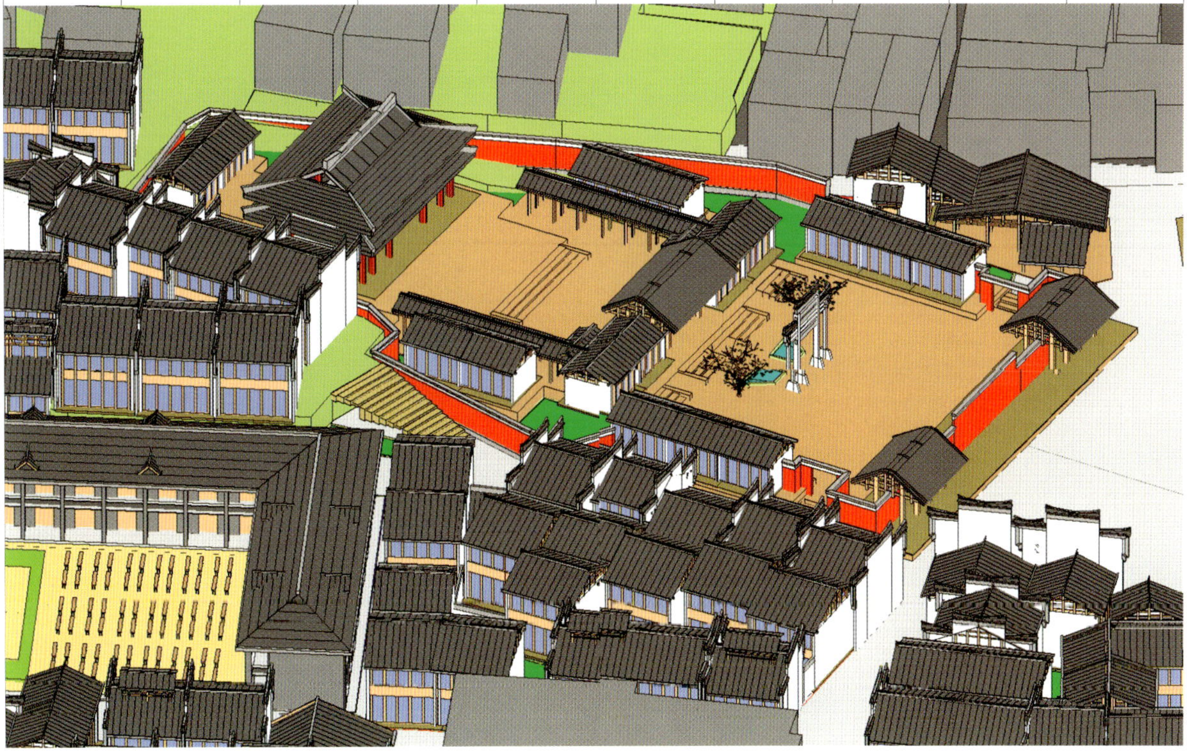

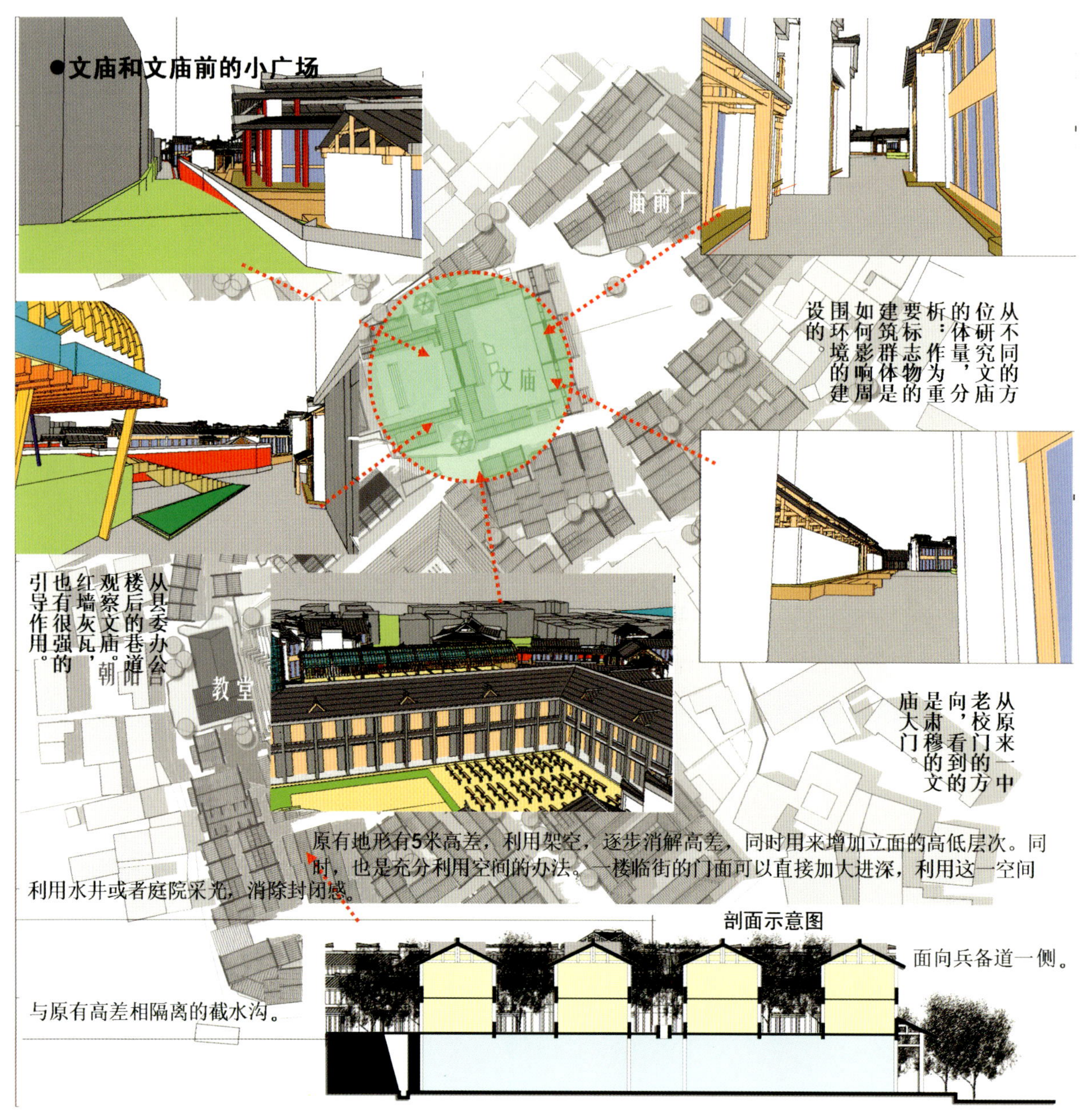
●文庙和文庙前的小广场
庙前广
文庙
从不同的方位研究文庙的体量，分析：作为重要标志物的建筑群体是如何影响周围环境的建设的。
从县委办公楼后的巷道观察文庙。红墙灰瓦，也有很强的引导作用。
朝阳
教堂
从原来一中老校门的方向，看到的是肃穆的文庙大门。
原有地形有5米高差，利用架空，逐步消解高差，同时用来增加立面的高低层次。同时，也是充分利用空间的办法。一楼临街的门面可以直接加大进深，利用这一空间利用水井或者庭院采光，消除封闭感。
剖面示意图
面向兵备道一侧。
与原有高差相隔离的截水沟。

●兵备道

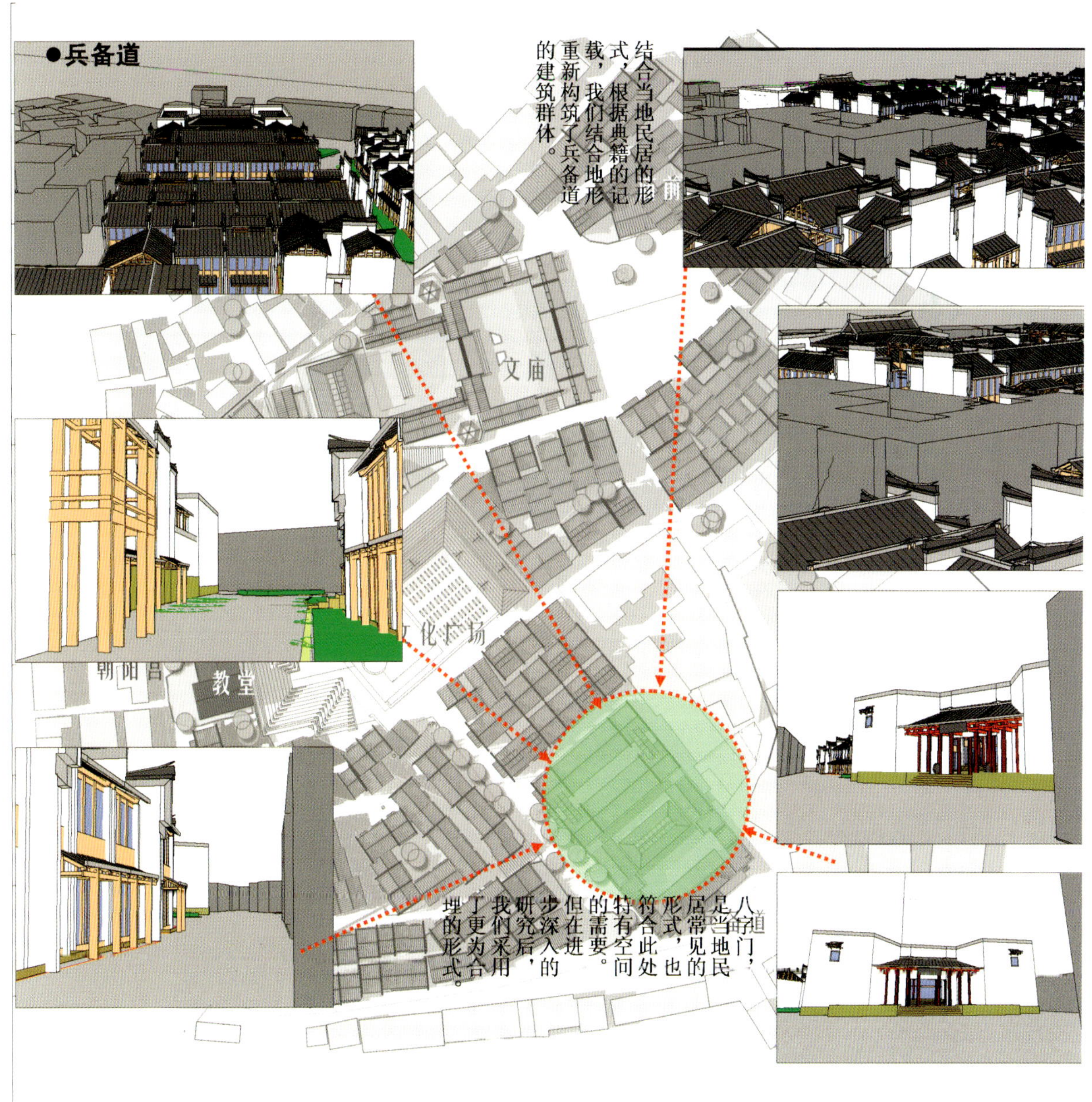
结合当地民居的形式，根据典籍的记载，我们结合地形重新构筑了兵备道的建筑群体。
八字门，是当地民居常见的形式，也符合此处特有空间的需要。但在进步深入的研究后，我们采用了更为合理的形式。
文庙
文化广场
教堂

●兵备道

资料分析

结合文献的记载我们可以进一步深入的探讨兵备道的真实面貌。

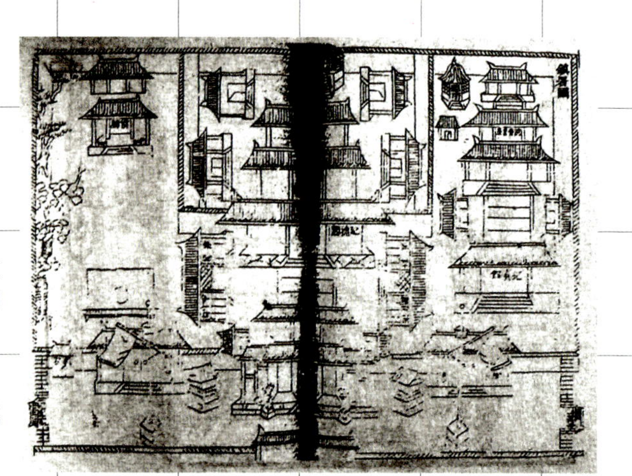

从图谱上传下来的图片上分析，兵备道原有三个不同的轴线。中间是衙署办公最主要的轴线。正式的院落只有两进。正中的巡捕房是三层的楼阁式建筑。图谱上的建筑，单独的建筑都会画出入口的台阶，这里一连三座庑殿顶的房子，都没有画台阶，应当是三层的楼阁。这也许是因为兵备道担任全城警备任务的功能所致。

由于地形的限制，今天要想完全恢复古兵备道的形制是不可能的，因此，在后院加上了一部分家人住房。文献记载，兵备道内有“家人住房十间”，说明当时有部分家眷住在署内。虽然，不能单独建出一溜住房，在后院设置家属院也是可行的。第一，兵备道的形制一直在增建当中，并没有具体的规范；第二，保留家属院证明了当时的生产，生活方式，不可或缺；第三，单独增设的院落可以在今后改建。当条件成熟，完全可以按东北侧加建宴宾馆，浣香书屋，这时可以还原更多兵备道的原貌。但现在，我们也基本可以还兵备道一个完整的意向。

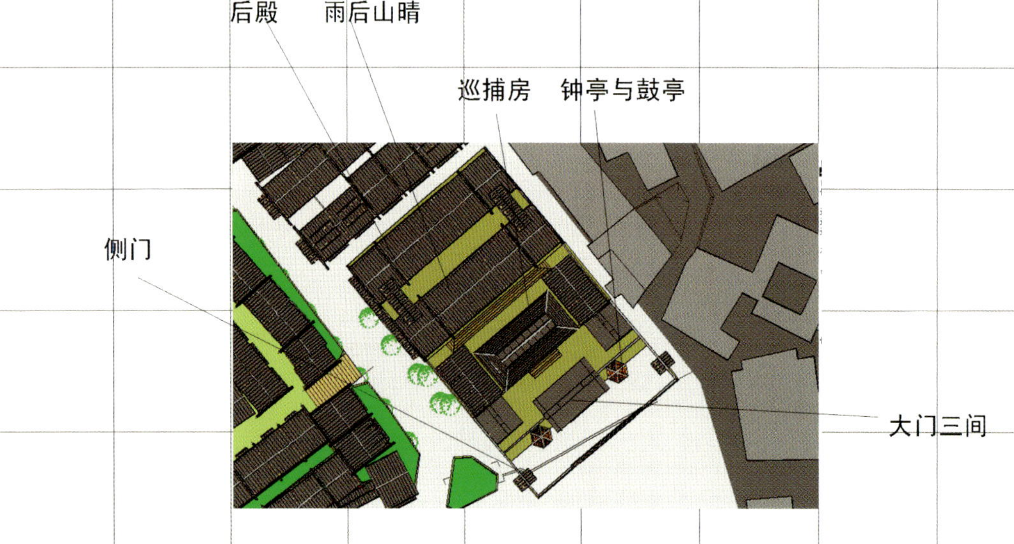

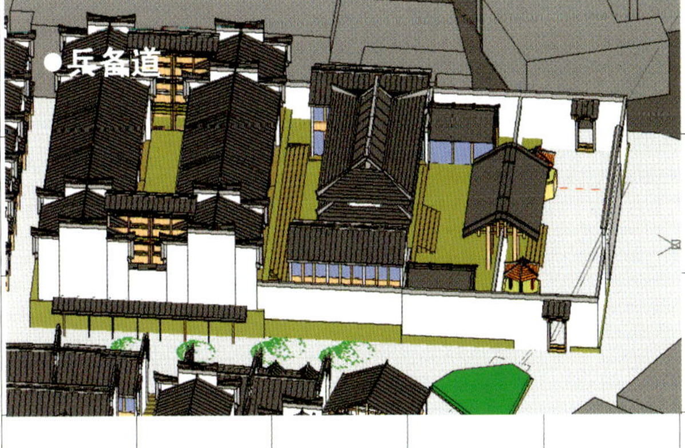

保留了防御性建筑的一些特征。仍然是院墙高耸，深不可测。出于对限高的考虑，建筑做成重檐的歇山。没有做成三层的楼阁。走侧门入的路线，似乎也更有利于安全，有一夫当关，万夫莫开的意思。小土地庙的位置不可考，应当也在前院的角落里。

由于正面入口缩在“瓮城”般的小院里，临街的界面是一面高墙。民居中有用花砖，或者瓦片砌成装饰的墙面。但这里与建筑的性质不合。另外有三种可能：1）中间局部，磨砖对缝，砌成45°斜拼的砖墙。青砖立砌勾边；2）局部做平地隐起华的简单浮雕；3）装饰古代告示栏的样子，建于正对广场的位置，这样的考虑也有其合理性。

原有方案，借鉴八字门的做法，塑造出官式与民居结合的建筑形象，保留大门直接冲广场的做法，对目前的场所而言，亦有合理之处。

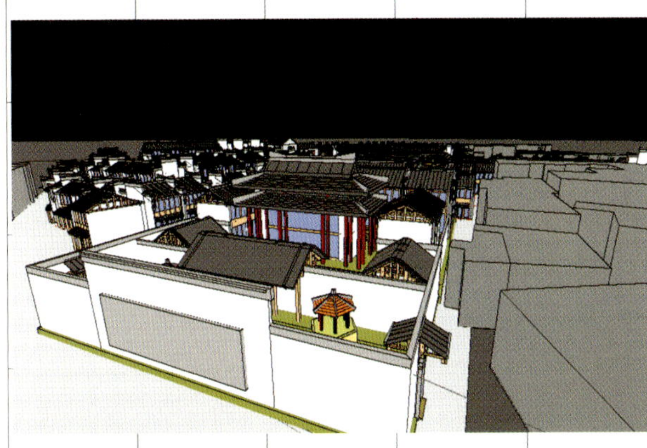

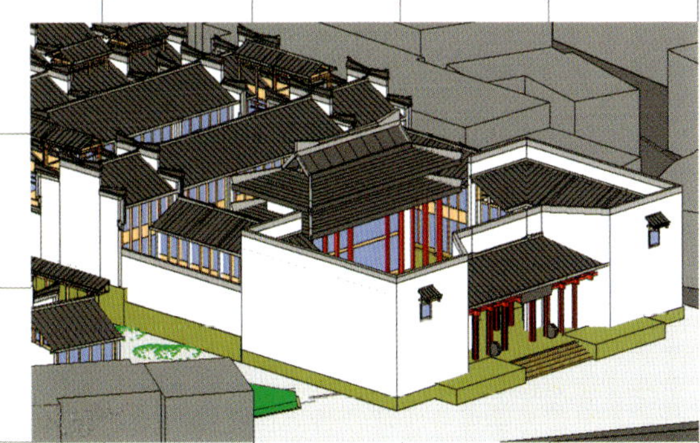

原有的八字门形象，完全按古制，应该被改为现在有“瓮城”的样子。

PART 3: 水墨·凤凰

水墨·凤凰

水墨·凤凰

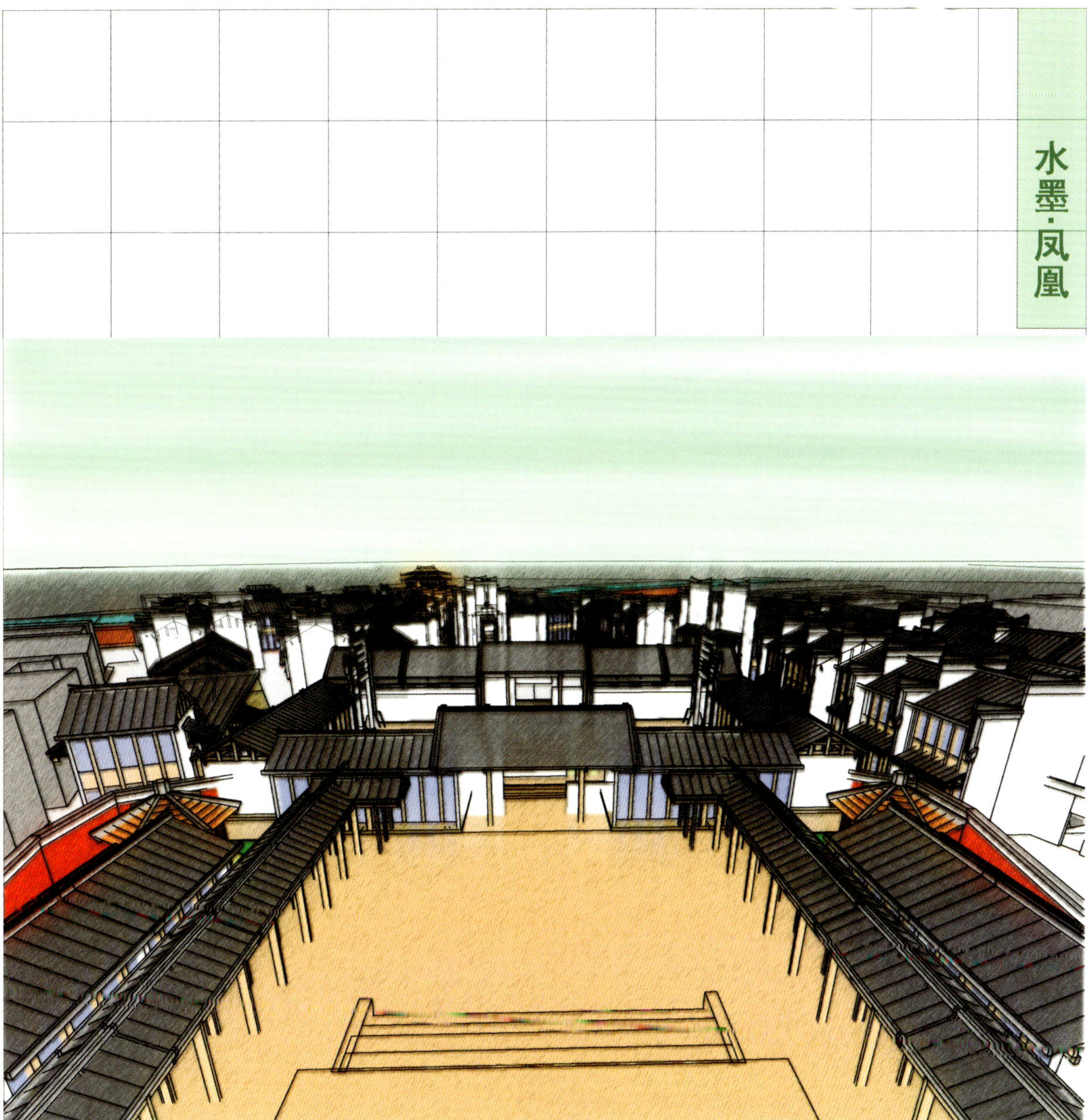
水墨·凤凰

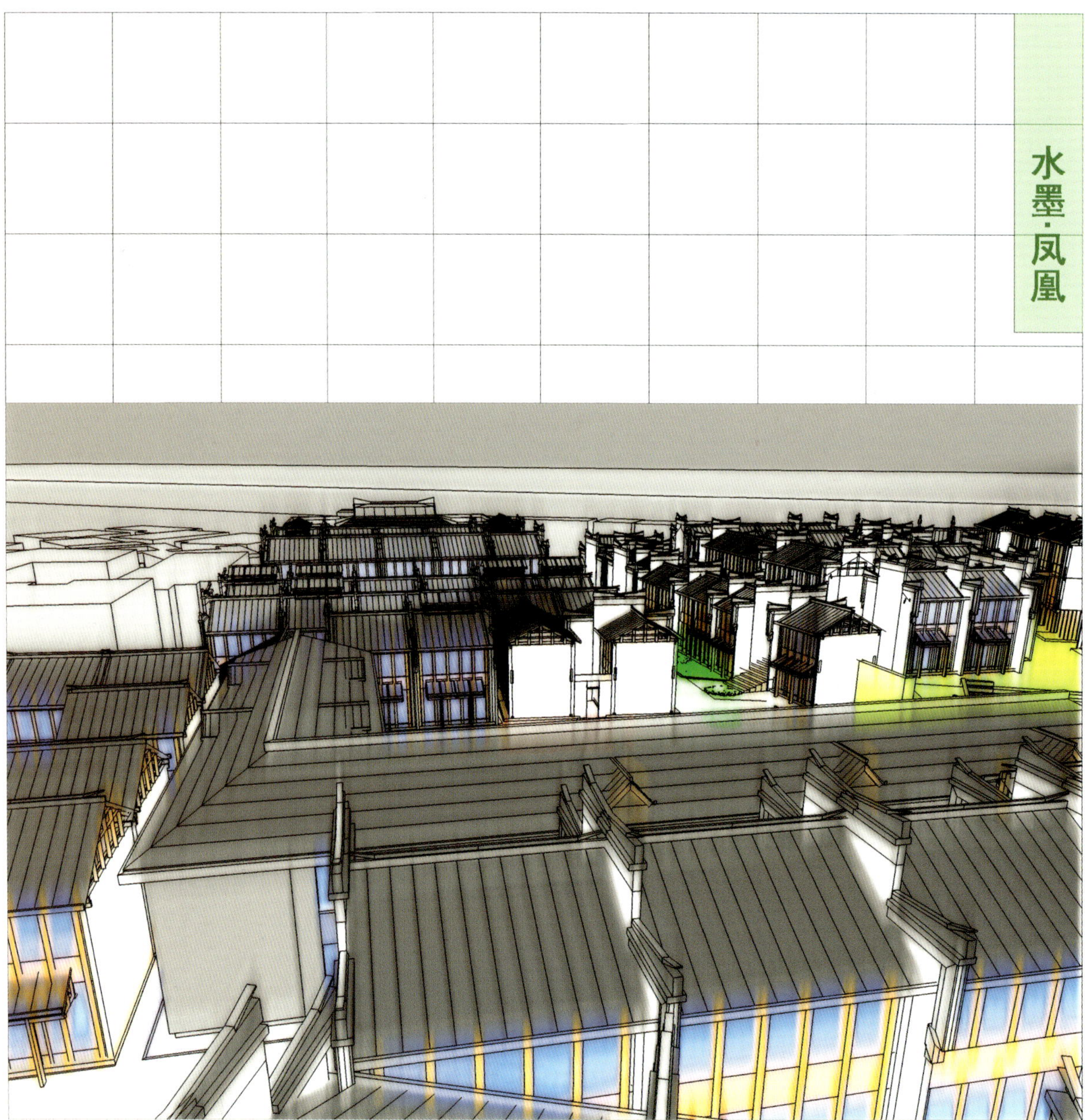
水墨·凤凰

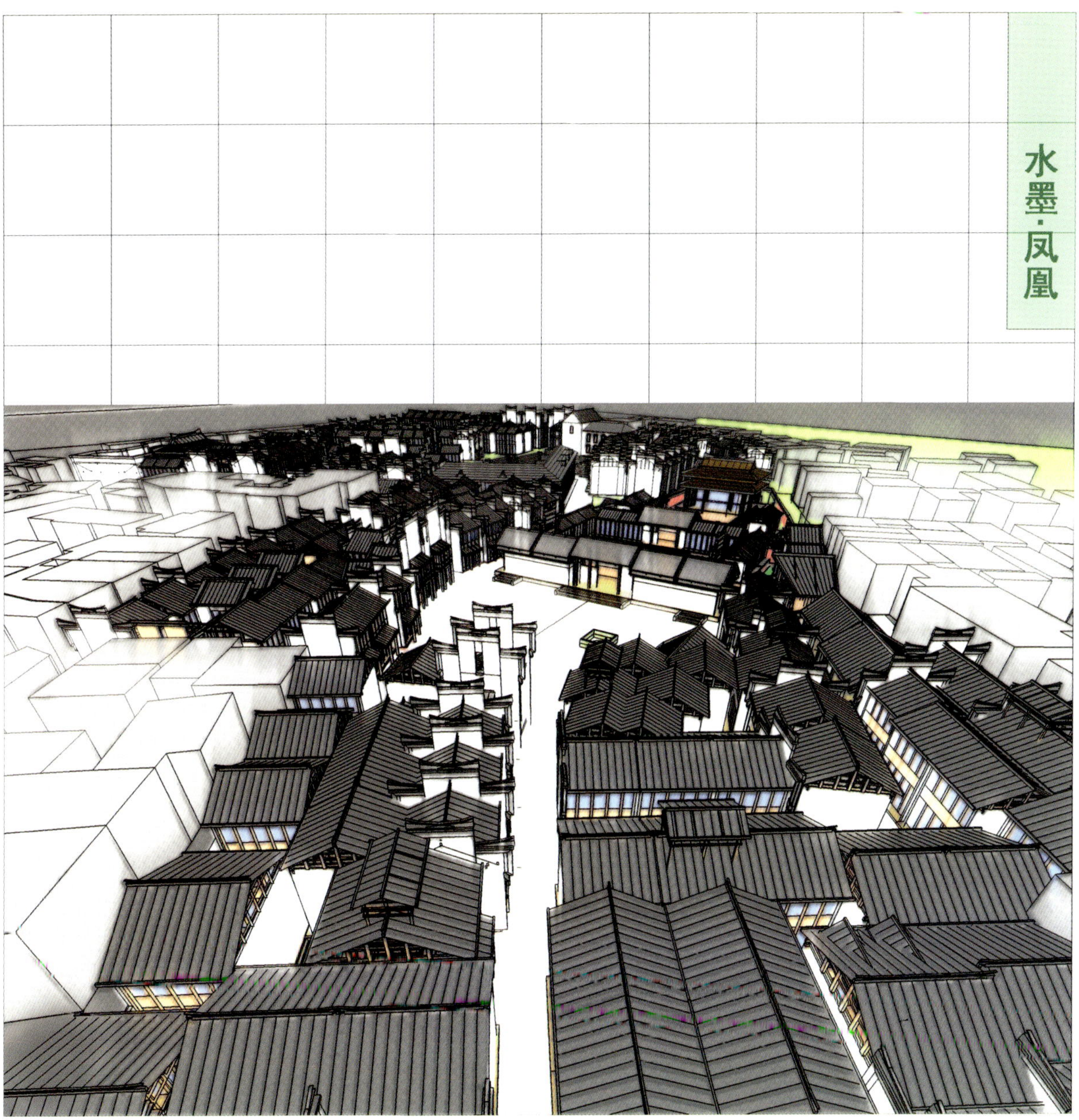
水墨·凤凰

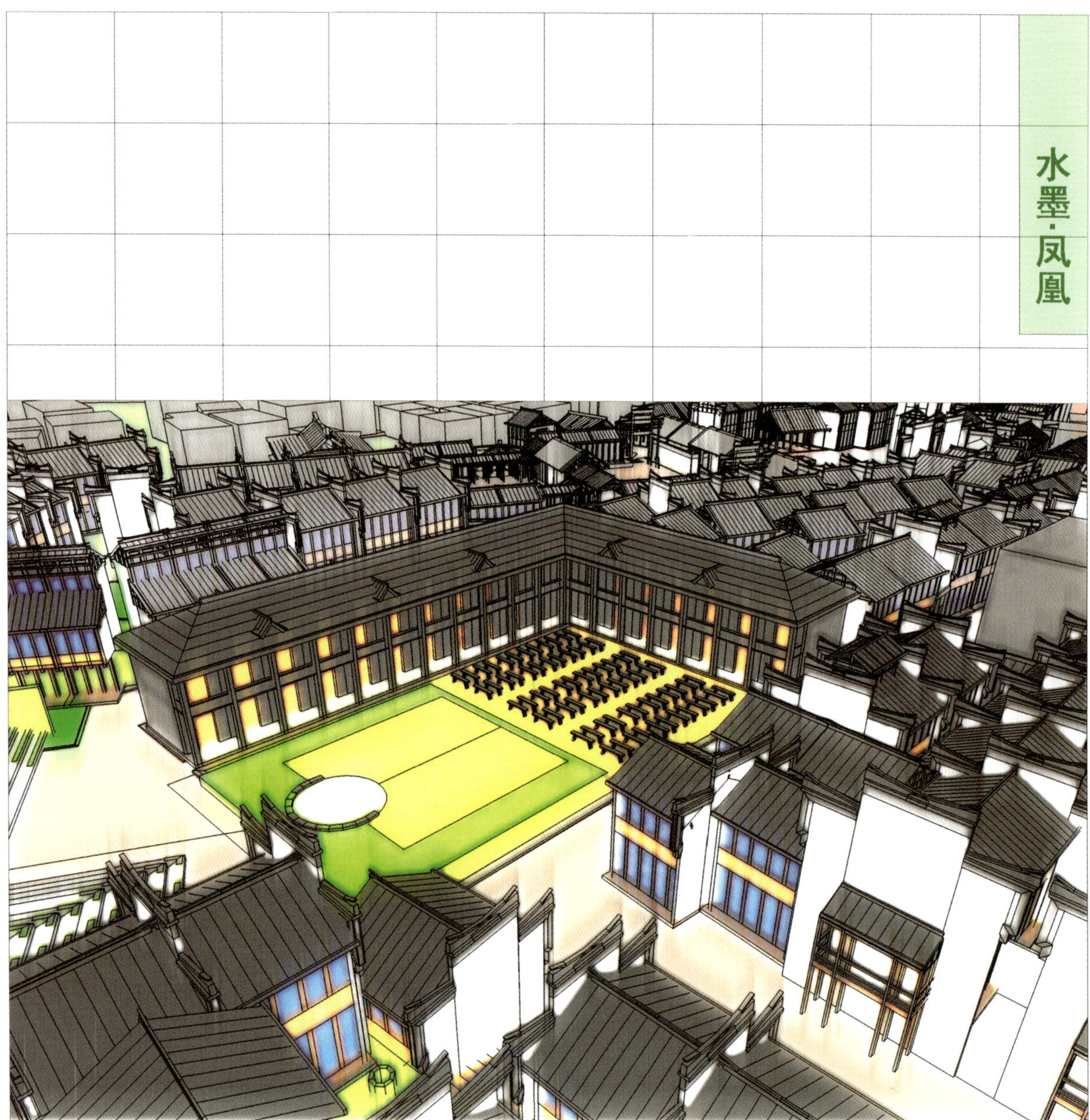
水墨·凤凰

水墨·凤凰

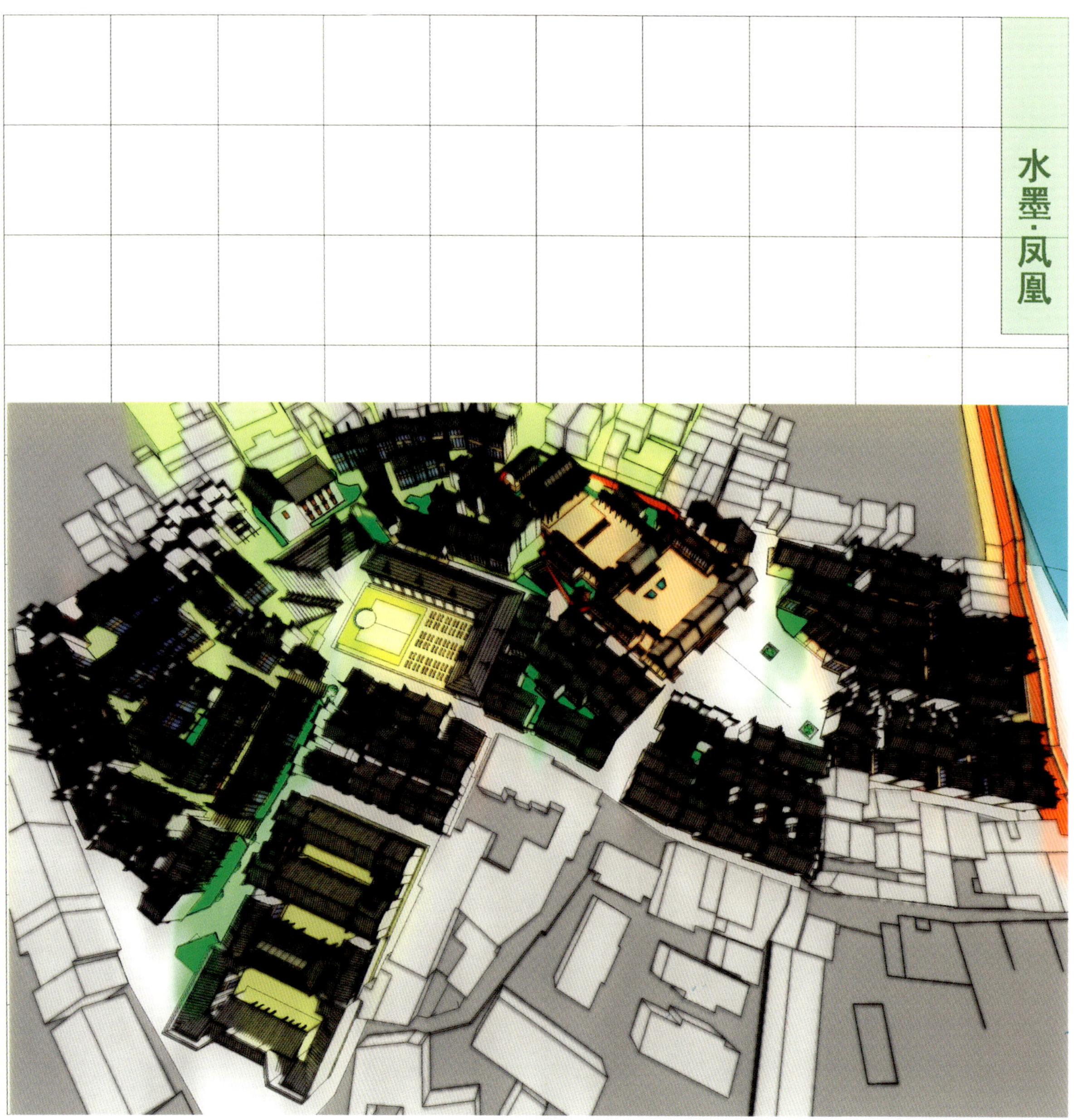
水墨·凤凰

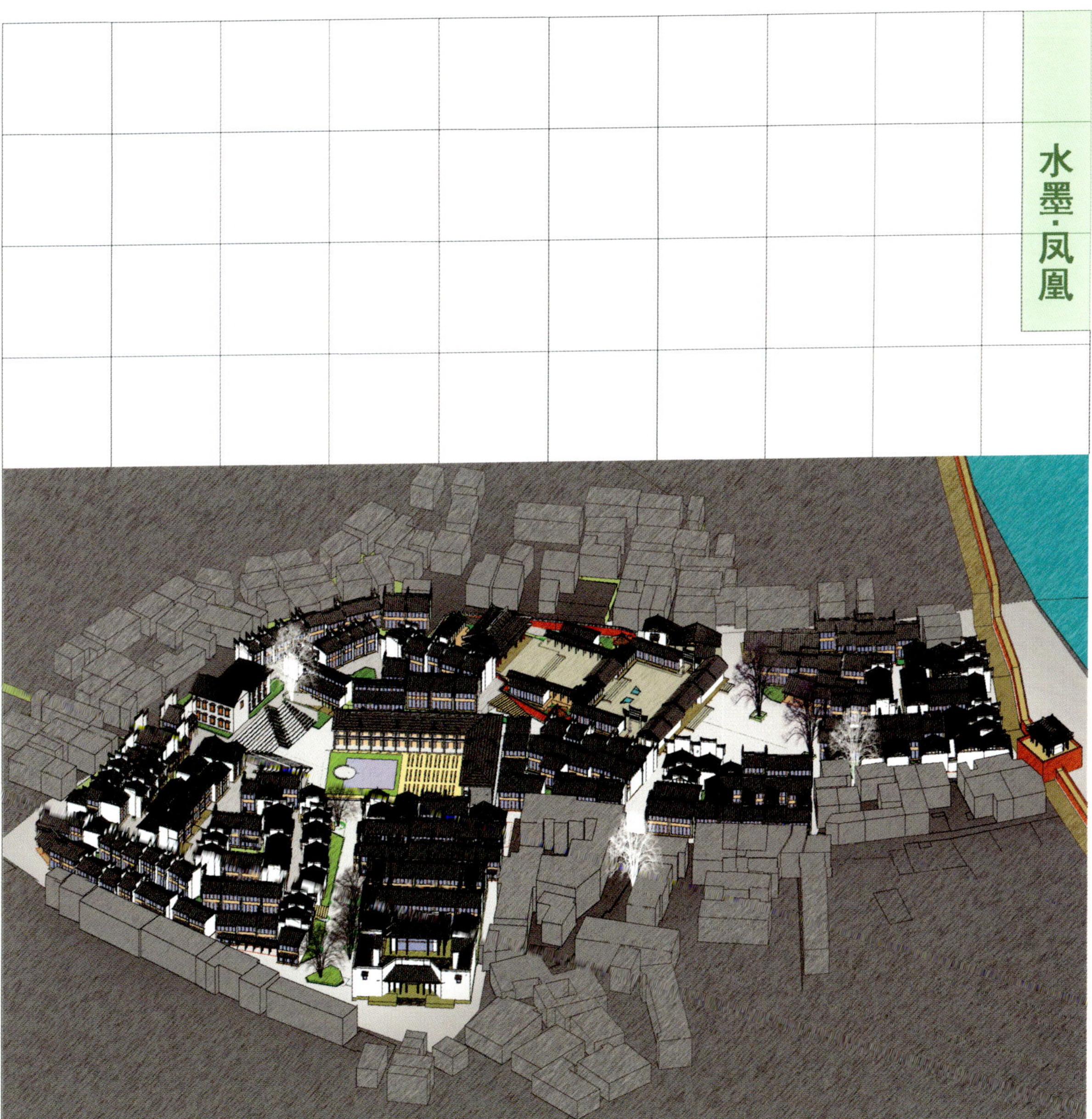
水墨·凤凰

既可以作为民俗表演的看台，又是沟通上下标高的阶梯。凤凰特有的红色砂岩，赋予景观独特的地域内涵。

利用投影仪，将凤凰的民俗画卷，投射到建筑的山墙之上，迷离，梦幻的凤凰之夜，在变幻中拉开序幕。

在下沉的看台上以及广场的条凳上，观看表演的视角不同，各自的背景也不同。同样的节目表达出不同的内涵。基地西北角，天然高起的台地，为场景构筑提供了不一样的机缘。结合真实生活场景进行民俗表演，更有不同的生命力。县委的办公楼改变为茶楼，看客可以凭栏小酌，同时欣赏表演。舞台的中心在圆形表演台上。

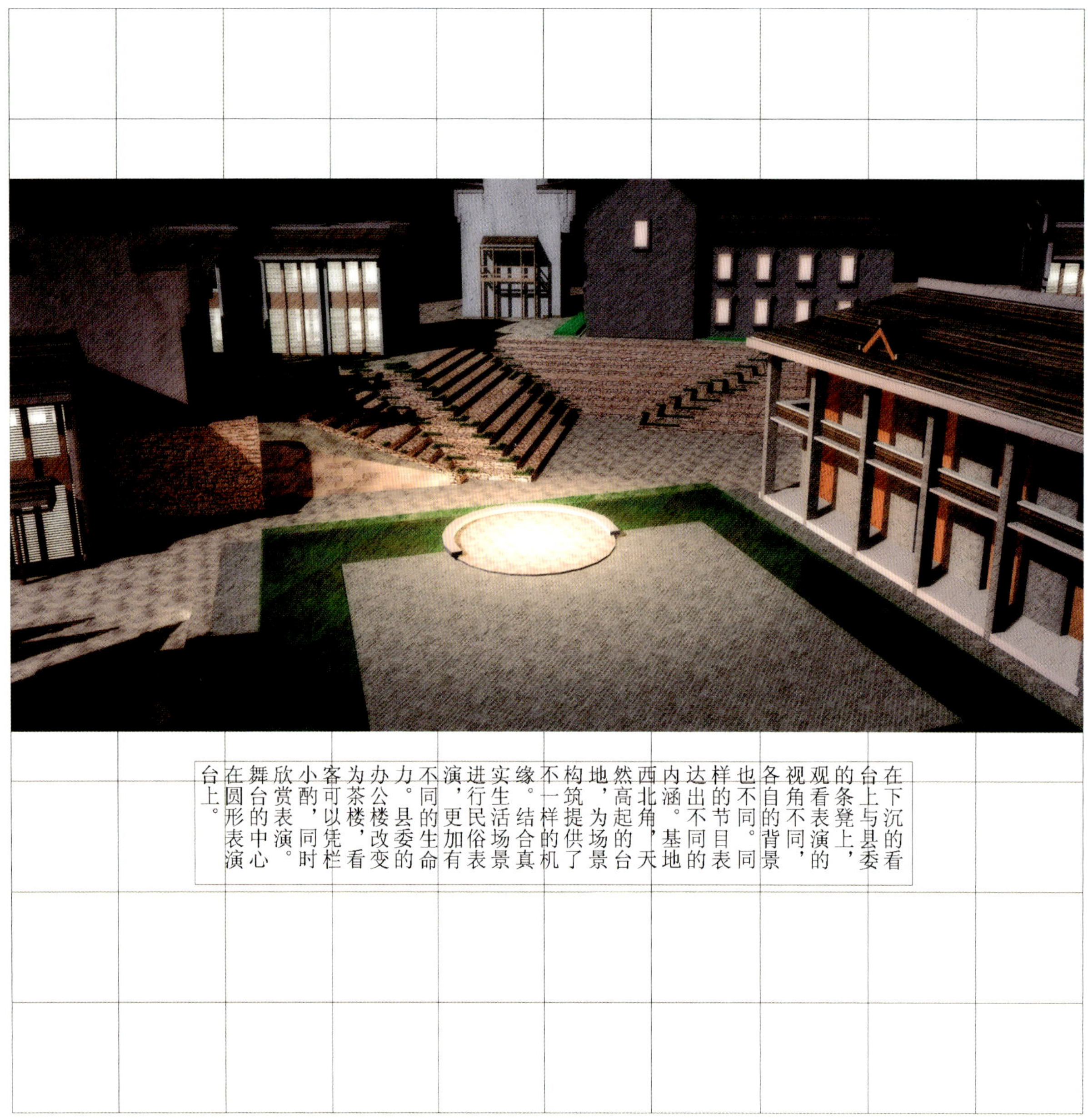

在下沉的看台上与县委的条凳上，观看表演的视角不同，各自的背景也不同。同样的节目表达出不同的内涵。基地西北角，天然高起的台地，为场景构筑提供了不一样的机缘。结合真实生活场景进行民俗表演，更加有不同的生命力。县委的办公楼改变为茶楼，看客可以凭栏小酌，同时欣赏表演。舞台的中心在圆形表演台上。

清晨，一抹阳光射进这个凤凰的小院。夜间的盛会刚刚散去，慵懒的人们尚未起床，远离都市的生活，永远那么舒适，那么惬意。

中国乡土地理杂志的首发号，第一篇文章，描写凤凰，以大湘西为题，写道：不可否认，凤凰，由于生养出了像沈从文这样的大学之家，毫无疑问，应当是大湘西的文化中心。而湘西，最神秘之处，在于它总是可以为它的景物蒙上一层淡紫色，一切原本不协调的色彩，居然都统一在这淡淡的紫色里了。